猛兽稀少

一个生态学家的观点

［英］保罗·科林沃（Paul Colinvaux）—— 著

赖 博 —— 译 胡 安 —— 校译

Why Big Fierce Animals are Rare

上海科学技术文献出版社

Shanghai Scientific and Technological Literature Press

图书在版编目（CIP）数据

猛兽稀少：一个生态学家的观点 /（英）保罗·科林沃著；赖博译 . —上海：上海科学技术文献出版社，2023

书名原文：Why Big Fierce Animals Are Rare

ISBN 978-7-5439-8730-2

Ⅰ . ①猛… Ⅱ . ①保…②赖… Ⅲ . ①生态学—普及读物 Ⅳ . ① Q14-49

中国国家版本馆 CIP 数据核字（2023）第 002257 号

图字：09-2019-970

选题策划：张　树　　责任编辑：黄婉清
版式设计：方　明　　封面设计：留白文化

猛兽稀少：一个生态学家的观点

MENGSHOU XISHAO: YIGE SHENGTAIXUEJIA DE GUANDIAN

[英]保罗·科林沃（Paul Colinvaux）著　赖博　译　胡安　校译

出版发行：上海科学技术文献出版社
地　　址：上海市长乐路 746 号
邮政编码：200040
经　　销：全国新华书店
印　　刷：商务印书馆上海印刷有限公司
开　　本：889mm×1194mm　1/32
印　　张：8.875　　　　字　　数：182 000
版　　次：2024 年 1 月第 1 版　2024 年 1 月第 1 次印刷
书　　号：ISBN 978-7-5439-8730-2
定　　价：68.00 元

http://www.sstlp.com

序

几年前，当我正为博士生综合考试苦读、想要寻求一丝喘息之时，我发现了《猛兽稀少》一书。为了应对研究生学位委员会可能提出的有关生态学的基本问题，我阅读了上百篇经同行评议的科学期刊文章。要知道，一些看似非常简单的问题（比如"为什么地球上有这么多物种？"）实际上是回答不了的。那时，我正在探究狼与它们的猎物之间的食物链关系以完成我的博士研究课题。被杰出古生态学家保罗·科林沃经典著作的书名所吸引的我欣然选择了从期刊文章中解脱一小会儿，一头扎进其丰富的知识养料中。

科林沃从几个简单的问题入手，用每个人都能理解的清晰逻辑和平实语言对它们进行解构。我阅读了书中的每一个字，给精彩的段落画上下划线，还在文中做了大量批注。在通过综合考试并完成论文答辩后的数年中，这本已经被我翻到卷了边的书一直躺在我的咖啡桌上。十多年后，当我成为一个全球研究项目的首席科学家时，它又理所应当地占据了我办公桌上的显眼位置。

在我第一次读科林沃这本薄而精炼的著作时，我只是个初出茅庐的生态学家，渴望了解这个世界是怎样运作的。然而，正如他从一开始就强调的那样："在问出'怎样'之前，我们首先要问'为什么'。"换句话说就是在能够走之前，你得先学会爬。随后，他耐心地将这本充满深刻思想的著作铺展开来，不仅反映了在他写作期间的生态学发展状况，还对未来做出了惊人清晰的展望。如此一来，这位超凡的思想家预言了四十年后的今天我们所面临的众多生态保护难题。

他撰写此书的目的在于打造一本入门指南，让哪怕最复杂的生态学课题也能为普罗大众所理解，要让它对科学家和门外汉同样实用。他提出了这样一个观点：为了给人类和一切生物创造一个更为可持续的未来，我们必须真正理解世界如何运作。他激进而清晰地传达了这一观点，其间还鼓励读者开拓他们的思维。仿若同一位和蔼宽厚的导师在丛林中散步一样，他巧妙地将幽默、逻辑和奇谈融合在一起，帮助你理解他的观点。

作为一位初出茅庐的生态学家，我找不到比它更好的入门书了。尽管这本书对我造成了不可磨灭的影响，那时我却不知道它对我的日常工作到底能起到怎样的作用。如今，我负责监督在六块大陆上进行的数十个生态研究项目，从最深的大洋到最盘根错节的雨林，从最高的山峰到最干旱的草原。在对苏格兰高地、戈壁沙漠或亚马孙河源头等偏远的野外考察站进行实地考察时，我发现评价研究的效能与决定要资助哪些拟议项目所应用的是相同的科学原则。在我开展工作的过程中，我已经确信世界确实是遵循着某种模式和进程的，正如科林沃所指出的那样。但是此间要素和力量都远不简单。

科林沃从分析自然中某些我们比较熟悉的模式（如碳循环、植物群落演替、物种形成和灭绝、物种生态位、生物多样性、捕猎行为、食物网中的养分流等）入手。对于每一个课题，他都先描述出已被普遍接受的模式，然后提问："为什么？"为此，他分析科学家以及外行对这些模式的归纳概括（例如：古老的森林往往生产力较低；生态系统越复杂，它也就越稳定），找到它们的特例，并提出更加恰当的解释。依靠完美的逻辑，他用来自他自己和其他人实地勘察的实例来检验他的假设。随后，他再用通俗易懂的话语生动阐明事物是"如何"运作的。例如，他将自然比作经济体系，指出了有关竞争的谬论，并阐述像鸣禽、蚂蚁和青草等物种如何通过占据不同生态位、不同步的进化，如何在有足够食物、能够交配和产下健康后代的前提下，尽量相互容忍以实现和平共处。

这本包罗万象的书籍对于处于任何发展阶段的生态学家来说都是一本必读之作。的确如科林沃所指出的那样，作为生态学家，我们必须坚持去问为什么、去挑战教条，并用新手的思维来对待我们的学科。他同样充分证明了，对于生态学家而言，生活是绝对不可能枯燥乏味的。

在科林沃几年前刚刚结束的长达半个世纪的职业生涯中，这位进化生态学界的"印第安纳·琼斯"曾环游世界以探究生态系统如何运作。作为古生态学家，他曾任俄亥俄州立大学教授；

而在 1991 年退休以后，他成为位于巴拿马的史密森热带研究所（Smithsonian Tropical Research Institute）的科学家顾问。他牵头了多个在亚马孙流域、秘鲁、科隆群岛、北极等国家和地区展开的研究项目。

科林沃站在了巨人的肩膀之上，他毫不吝惜对包括查尔斯·埃尔顿（Charles Elton）、奥尔多·利奥波德（Aldo Leopold）、阿道夫·缪里（Adolph Murie）、伊夫林·哈钦森（Evelyn Hutchinson）、罗伯特·麦克阿瑟（Robert MacArthur）在内的大批先驱者的溢美之词。他分享了他们令人着迷的趣闻轶事，将生态学带入日常生活。但至今，对他影响最深的科学家仍然是达尔文。在每一章里，当科林沃探究大自然错综复杂的宝库时，他总会援引达尔文的观点。

于十九世纪末诞生的生态学是一门相对新兴的学科。最初，它被认为是一种"伪科学"，因为相较于物理和化学这样具有"金科玉律"的学科而言，生态学没有太多经验可循，也更难以实现定量。相比之下，生态学关注的是生物和自然界之间的关系，而这种关系通常是纷乱且难以定量的。到了二十世纪三十年代，随着植物学家弗雷德里克·克莱门茨（Frederick Clements）和亨利·格里森（Henry Gleason）发表关于植物演替和群落概念的著作，这门年轻的学科开始走向成熟。等到科林沃成为一名教授时，生态学已经发展为一门严谨且可定量的科学了，学科内充满了种种关于世界如何运作的争论。科林沃的著作反映了这门科学在二十世纪八十年代的发展状况，生态学正处于一个彰显其伟大科学前景的时代。

他将奥卡姆剃刀定律应用于生态学，同时以归纳逻辑和科考故事为本书增色。增色是个尤为恰当的词，因为他的田野笔记有力地驳斥了某些生态学界所坚信不疑的教条。好吧，这种驳斥也许不是彻彻底底的，因为他反复强调了环境会如何改变模式，而他遵循的是同样的原则。如今，深受科林沃著作影响的我在回答自己手下研究生关于生态学的问题时，通常会说"视情况而定"，随后抛给他们一个新的问题。瞧啊，生态学就是这样的：当我们知道得越多，我们就越会意识到有多少东西是我们不知道的。◂ X
《猛兽稀少》也是如此。阅读这本书并跟随科林沃的逻辑进行思考会让我们的头脑中充满想法和问题，它们可以是有关于自然选择或植物群落演替的，也可以是有关于生命本身的。

本书最为尖锐深刻的两章探讨了人类对全球生态系统的影响。在阐释了全球的碳为何并如何在大气和海洋中封存以及碳循环平衡（其中包括如植物呼吸在内的能够在生态系统内产生碳流动的过程）后，科林沃探讨了人类对碳循环的影响。他在书中预言了大气中的二氧化碳将稳步增加，而那时我们甚至还没接收到地球正在变暖的明确信号。他还认为，尽管这对生命来说不会是灭顶之灾，但仍然会产生一定影响。他随后表达了他对当时人们的无知的忧虑。在那时，我们还不了解二氧化碳含量增长可能带来的影响。我们早就开始了他所说的"有史以来规模最大的生态学实验，将整个行星大气层中最为重要的气体之一的浓度翻一番"，却丝毫不知道或者不在意可能会发生什么。

在本书的最后，他以人类生态学作为结尾，从达尔文的角度——适者生存和自然选择——审视了人类对地球的征服。他指出："这种新型动物的活动必然会损害几乎所有其他物种的利益，因为它想要更多的后代。在这一动力的驱使下，它选择发动野蛮的竞争，而非和平共处。"他思忖着地球上的生命的未来，以忧郁的口气和存在主义的论调为本书收尾。

XI ▶ 　那么，为什么大型猛兽的数量要少于食草动物呢？这和成为大型捕食者所需的能量有关，但最终依然取决于土壤及其养分、气候、猎物可获得性、人类对野生动物栖息地的影响、遗传、外界扰动等因素。若想厘清这些因素是如何通过相互作用缔造出我们在全世界生态系统中都能观察到的模式，你必须阅读这本书。我保证，它将带你踏上一段终身难忘的狂野之旅，它将改变你观察世界的方式，并给予你解开棘手的生命问题的工具。

克里斯蒂娜·艾森伯格

马萨诸塞州康科德

XII ▶ 2017 年秋

前 言

生态学既不是研究污染的科学也不是环境科学。它更不是一门研究末日的科学。然而，有数不尽的著作声称生态学就是这样的科学。我是带着些许怒火写下这本书的，我要以一个从业生态学家的角度论述我对我所从事学科的认识，以驳斥这类文献。每当我们为某一自然现象找到达尔文式的解释时，我都对其巧妙优雅而醉心不已。利用这个机会，我将以简单直接的方式将破坏大气层、杀死湖泊和危害全世界之类的臆想打入无稽之谈的行列。

在完成这本书之前，我编写过一本教科书。在教科书筹备出版期间，我度过了相当宁静的一年：作为一位古根海姆奖获奖学者静静思索生态知识的社会学意义。我随即写下一系列论文并发表在《耶鲁评论》(*Yale Review*) 上，最后以一篇描述人类历史的生态学模型的论文作为此系列的终结。因此，《猛兽稀少》的内容不仅仅来源于我所撰写的教科书，它的诞生还要归功于古根海姆基金会和《耶鲁评论》。在此，我向基金会和《耶鲁评论》的编辑深表谢意。

我研究的是过去的种群以及气候变化史，这是可以通过古代

1

湖泊淤泥中的化石重建的。我调查过活跃于如今已被白令海所
淹没的古代平原上第一批美洲人的生活方式，也调查过科隆群岛
的环境史。其他书中谈及的主题都以第二手资料的形式汇报，但
是我所撰写的综述到目前为止已经通过审稿并用于教科书多年。
R.H. 惠特克（R. H. Whittaker）和 H. 霍姆（H. Hom）两位博士审
阅了本书的初稿。能够如此细致地指出他人错误而不会拂了他人
面子的审稿人，除了他们，我大概很难再找到了。我在此由衷地
感谢他们。如果本书中还有什么地方存在错误的话，那可能是因
为我在面对他们的建议时仍然选择了一意孤行。

为了让我的行文尽量保持简洁利落，我避免了在文中标注参
考文献和脚注。不过，所有我详述过的重要研究和论据的来源都
被汇总在本书末尾的"生态学阅读"部分，其中大部分都可以从
我在该部分列举的六本书中找到。

我最近正着手于一项令人愉快的工作，就是对着录音机在我
同事出品的达尔文传记有声书中献声饰演达尔文。当我沉浸于自
己的角色时，我可以在录音室里感受到这位最伟大的生态学家的
思想。正是在达尔文的著作中，人们才能找到生态学的真正根基。
达尔文从未写过污染还有危机这样的话题，他只谈世界运作之法，
谈珊瑚礁和物种，谈情感的表达，谈兰花施肥和自然选择。生态
学家如今仍然以达尔文的方式思考着这些问题。

保罗·科林沃

俄亥俄州哥伦布市

1977 年 2 月 14 日

目录

序 章

　　地球是太空中的一个物体，是一个坚硬外壳漂浮在熔融核心上的岩石球。地壳随着地质时间的缓慢节奏不断扭曲和移动，最终形成了大陆和大洋盆地这样紧密相连的奇异模式。地壳被一层薄薄的大气——一种太阳系中绝无仅有的由氧气和氮气所构成的怪异混合物所包围。除了氧气和氮气，混合物中还含有少量至关重要的二氧化碳和水蒸气。这个岩石球体沐浴在来自太阳的光和热下，淹没在这股向其倾泻而持续不断的强烈能量流中。

　　如果你从太空俯瞰地球，那么一切看上去将是那么的寂静无哗。地壳的蠕动对于我们短暂的一生来说实在太过缓慢，以至于我们根本意识不到它在动。甚至连空气的剧烈运动都是那么难以察觉，部分原因在于我们采用的时间尺度和距离尺度，部分原因在于大气是透明的。唯一能观察到的运动是水蒸气形成的云缓慢上升以及高纬度地区从夏季过渡到秋冬季期间土地由绿转棕再变为白色。

　　但是如果你再向下俯冲，向那岩石地壳靠近，进入大气这层

皮肤，那么你感受到的将不再是太空中永恒的静止和安宁，相反一切都变得那么喧嚣和躁动。你能感受到的不仅仅是呼啸而过的

3 ▶ 气流和倾盆而落的雨水，还有地球表面上一大堆令人惊奇的生物的低语和活动。这些生物稀稀疏疏地散落在大气紧贴于地壳的地方。它们共享着涌向地球的能量，共享着地球表面以及海洋内广阔的立体空间。它们以某种形式共存一地，和平相处，始终适应于它们必须遵循的生存之道，往往存在于极其多样化的群体中。

4 ▶ 　　而研究这一群体如何运作的人被称为"生态学家"。

第一章

诠释的科学

生命依赖太阳运作。太阳能被植物所捕获并被用于建造森林和草原以及为海洋生命提供养料。然而，植物生长得再快，植被也始终会因为以其为食的动物、物理伤害、植物之间的争斗、疾病和衰老而被同样快速地消耗。因此，植物会努力维持生存，从土壤中汲取养分，填补空位。让我们把地球上这些运作不息的生命聚落看作一群以永恒的精度不断运转的机器，看作依靠太阳提供的能量来循环生命所需原料的系统。生物学家会称之为"生态系统"，而这个词因其丰富的涵义在通俗用语中广为流行，甚至它的真正含义也得到了极大程度的保留。

自然博物学家的眼睛在哪里都能发现一个生命系统的强有力运作。温带森林中阵列有序的树木，安得其所的林下灌木，春日里赶在树木舒展枝叶前盛放的花海，在树冠下等待机会成长的树苗，吃掉树叶、传播花粉及储藏坚果的动物，猎杀前者并避免它们将资源掠夺一空的猛兽，还有脚下的土壤中正在分解又被其他动物翻动的生命残骸，而且它们必然回报以能够供森林再次使用的原材料。这个生态系统运行得多么精妙啊！草原、沼泽、湖泊、松林、珊瑚礁和南极捕鲸场，它们运行得同样好。即便是人类自己建造的牧场和果园也具有同样的运作良好的系统。我们想知道的是它们怎样运作以及它们为什么能够持续运作。

一旦我们开始对这些感到好奇，就很难不留心自然系统中的某些极其反常的情况，而如果我们想要真正理解它们，这些情况就必须先得到解释。首先，生态系统有多到令人眼花缭乱的活动部件。

当工程师对系统进行规划时，他们倾向于在保证性能的前提下让活动部件的数量尽可能的少。这就是为什么经过设计的工程系统和生态系统是如此迥然不同。这一点也清晰地反映在太空飞船和卫星的设计上，它们就和森林一样需要利用来自太阳的能量。我们制造镀金的帆板以收集太阳能，还将它们固定在枝丫上让它们看起来好似一棵棵黄金树。但是由于我们只制造这一种镀金帆板，所以卫星上的"黄金树"看上去都差不多。一旦我们学会如何制造出更好的太阳能电池帆板，我们就会抛弃这些旧式帆板而改用新的。然而，无论经过怎样的规划，保持种类的多样性对由绿树构成的野生丛林来说都是至关重要的。如果不搞清楚为什么所有这些种类都是必不可少的话，我们就不可能理解由真正的树木所构成的生态系统是如何运行的。

有关生命的最为怪异之处莫过于其种类之丰富。以草场上的青草为例，一个旧草场上通常会混长有十几种青草和其他植物。我曾在剑桥大学耶稣学院内修剪整齐的某块 1 平方码（0.84 平方米）的草坪上发现了五六种青草（那是在二十年前某些险恶的化学物质尚未面世的时候，不过也许耶稣学院的园丁足够人道，会选择避开这些物质）。但是为什么草场或草坪上会生长着这么多种不同的青草呢？为什么没有独一种完美的草地植物，能够极好地适应草场生活的种种情况，能够在这个随时会被啃食或被修剪的环境里最高效地谋生呢？ ◀6

　　同样生活在草场上的动物，其种类甚至比植物还要丰富，光昆虫就有数十种迥然不同的类型。为什么会有这么多？为什么没有独一种完美的食草昆虫（也许还有它那完美适应环境的独一种天敌）？要厘清草场生态系统为什么能年复一年地持续运行，我们必须要理解保持丰富的动植物种类的重要性。

　　在任何寻觅得到生命的地方，生命的种类都是如此丰富多样。已知于科学界的植物有数十万种之多，而昆虫的种类据估计已超过一百万种。现存的鸟类有约八千种，而其他动物也各占其比例。为什么会有这么多种不同类型的动植物？为什么又只有这么多呢？

　　有些动植物是我们日常生活中较为常见的，它们是我们熟悉的伙伴，年复一年地出现在我们的视野中。但还有一些物种是较为罕见的，它们只是偶尔作为突如其来的新奇事物或者天灾降临在我们面前。为什么大自然的运作需要这些罕见动植物的存在？我们能不能肆无忌惮地消灭它们？要回答这个问题，我们最好先弄明白是什么决定了有些物种较为常见而另一些较为罕见。

随后就是关于数量恒定的问题。自然界中，所有野生动植物都会以尽可能快的速度繁殖，可它们的数量似乎每年都没什么变化。我们的祖辈会向他们的孩子讲述知更鸟的故事。假设他们所说的故事是正确的，知更鸟这种友善的鸟类在未来依然会随处可见，而且足够常见但永远不会达到泛滥成灾的程度。然而，知更鸟就和其他所有生物一样，都会尽可能快地繁殖后代。一个知更鸟鸟巢能够容纳几只雏鸟，那些有野心的知更鸟则可能每年孵育不止一窝后代却仍然没有影响到知更鸟的总数。为什么每一种生物的数量都大致保持不变呢？为什么常见的生物一直常见，而罕见的生物一直罕见呢？

如果我们不相信魔法或者特创论，那么这些问题的答案就必须从这些动植物利用其所在环境谋生的方法中寻找。我们都知道，随着时间的推移，动物和植物已经缓慢地发生了某些变化，我们今天所见的这些都是完美地适应了它们所必须遵循的生活方式的物种。它们已经进化，得以在其所在条件或者说"环境"下寻找食物、挺过灾害以及繁衍后代。如果我们要搞清楚它们的生活方式、为什么它们会有这么多种类以及为什么只有这么多的话，我们就必须去研究环境本身、去探索动植物都需要哪些资源以及它们必须怎样做才能获得这些资源。

因此，当一位生态学家开始问自己生命是如何在这精妙且永续的系统中运作的时候，他很快就会发现自己其实是在问为什么自然生态系统会由那么多部分构成以及为什么每一部分内又包含如此多的种类。在他能回答工程师同样面临的"这是怎么运行的"

问题之前，他会先遭遇一些以"为什么"起头的更多的基础问题：为什么有这么多不同种类的动植物？为什么其中有一些十分常见而另一些较为罕见？为什么有一些体型较大而另一些较小？为什么它们有时候会有不寻常的行为？

在对这几组问题进行思考时，我们必须认识到，在生态系统中的一切生命机制都是自然选择这一过程的产物。物种会变化，而且上亿年来它们一直在持续地变化。对于这一点，我们就像对任何科学知识一样确信无疑。不同的物种始终在被一股无自主意 ◀8 识的选择的力量所塑造，这股力量的作用就是毁灭那些最不适合的物种，留下那些最适合或者说最"适应"的物种生存于世。

物种是由自然选择设计的，但自然选择本身并未自创过任何一种生物样式，它只是从手边碰巧有的一系列物种中进行挑选。然而，通过这种选择，它还是为物种设计了现有的各种样式。考虑到生态系统的运行是由其各个组成部分的行为驱动的，因此若我们想要领会生命是如何运行的这一工程问题，那么我们必须同时理解为什么我们在任何特定地点发现的物种群系能成为自然选择下的赢家。

如今，生态学家的信心正变得日益坚定，他们相信自己有能力为诸多此类关键问题给出解答。他们认为自己明白了为什么有一些动物很常见而另一些很罕见，为什么一些体型较大而另一些较小，为什么它们的行为可能会很奇特，以及它们怎样分享那赐予地球生机的来自太阳的能量。在本书中，我会尝试追溯生态学先辈探索的脚步，把重点放在那些更为激烈和艰苦的思想斗争上。 ◀9

第二章

物种皆有其位

物种皆有其位，每一种都在全局中占据着一席之地。

让我们设想一只狼蛛正在森林地表的枯叶丛间捕食。它必须是一位超凡的猎手，不然的话，它所在的家系势必早就死绝了。它还必须精通其他事务。即便在捕猎的同时，它也必须让它八只眼睛中的几只时刻留心捕食者；当它看到敌人时，它必须应对恰当以保住自己的性命。它必须知道在下雨时自己需要做什么。它必须建立一套能够帮助它熬过冬天的生活方式。在不宜捕猎的时候，它必须在安全的地方休息。在一年中的某个时节里，当蜘蛛们感受到它们八条腿间升起的情热时，雄性必须做出反应，那就是去寻找雌性。而当雄性狼蛛找到了雌性的时候，它必须让对方相信它不仅仅是一道开胃小点——至少目前不是。对雌性狼蛛而言，等到时机成熟的时候，它就必须背着它的卵囊四处狩猎，随后它还会让它的孩子们骑在自己背上。对于小狼蛛，在经历狼蛛一生中数次蜕皮的同时，它们还必须学会多种多样的生存手段，直到它们也成长为脚下生风、迅猛突袭的林地猎手。

作为狼蛛生存绝非易事，个中技巧是外行所不能掌握的。我们不妨把作为狼蛛生存说成一种职业。想要成功活下来，你要擅长狼蛛所应当精通的各种各样的工作。与此同时，只有在一些非常严格的条件下，你才有可能从事该职业。比如，森林地表是必不可少的，还需要适宜的气候——这里的冬天必须和你祖先所适应的冬天大致类似，充足的可供捕猎的猎物，以及在必要时可供你使用的适当的庇护所，而且你的天敌的数量必须被控制在合理范围内。为了成功活下去，狼蛛个体必须精擅其工作，其周围条件在总体上必须是适宜的。如果不具备身为狼蛛的生存技巧和恰当时机的话，世界上就不会有哪怕一只狼蛛了。狼蛛的"生态位"也不会得到填补。

"生态位"（niche）一词是生态学家从教堂建筑中借用来的。在教堂里，niche指的是墙面上用来摆放小雕像的龛穴，是一个地方、一个定点、一个客观实在的位置。然而，生态学家所说的niche不仅是一个客观实在的位置，它也指某一物种在全局中占据的一席之地。生态位就是一种动物（或植物）的职业。狼蛛的职业就是它为获取食物和孵育后代所做的一切。为了能够完成这些任务，它必须生活在一个恰当的场所，和它一同居住在这里的必须也是一些恰当的邻居。物种为了生存以及保持达尔文学说中的"适应"所做的一切即其生态位。

◀ 10

现实中的生活场所在生态学术语中被称为"栖息地"。栖息地是一个物种的个体所生活的"地方"或"定点"。森林地表作为狼蛛的狩猎场是一处栖息地，而作为狼蛛生存本身则是一个生态位。开辟作为狼蛛生存这一生态位的正是自然选择。

有了"生态位"的概念之后，我们马上就可以搞清楚一个生态学家一直试图解释的、具有普遍性的问题——数量恒定的问题。常见的事物之所以能一直常见，罕见的事物之所以能一直罕见，正在于每个生态位或每个行业所面临的机遇都是由当前环境所决定的。要想作为狼蛛生存，你必须和合适的邻居生活在合适的丛林里，而能同时满足这两个条件的情况在任何一个地区都比较有限，故而狼蛛的总数也较为有限。一旦生态位得到确立，种群数量也就随之固定。这种数量倾向于保持恒定，除非发生某些极端情况而导致这一地区的情况大为改变。

将动植物的生态位与人类的职业类比，我们便不难把有关数量限制的这一套理论解释清楚。以教授这一职业为例：在任意一座城市中，教授数量的多少都取决于当地有多少可供其任职的教学和研究岗位。如果当地大学培养的研究员数量超过了现有的教授岗位，那么在这些未来可期的年轻人中，哪怕都以优异的成绩毕业，有一部分也是无法获得终身教职的。他们将不得不离开这座城市，或者留下却从事一些体力工作来糊口。

同理，一个地区狼蛛的数量不可能超过提供给狼蛛的岗位数量，羚羊的数量不可能超过提供给羚羊的岗位数量，马唐的数量也不可能超过给马唐的岗位数量。物种皆有其生态位。物种的生态位一旦被自然选择确立，那么它的种群数量也会随之固定。

上述关于生态位的观点直接对数量问题进行了阐述却没有讨论物种在繁殖上所做的努力，这表明动物繁殖的方式并不会影响其数量。这种观点乍一听确实很奇怪，因此我们需要认真地对它进行思考。生殖努力不会影响种群的最终大小。产下许多卵可能会在短期内增加种群数量，但这种增加只能维持很短的时间，随后又会因各种灾祸减少。能够存活下来的动物数量取决于环境中生态位空间（岗位）的数量，而与物种繁衍后代的速度无关。◀12

然而，个体仍然必须试着以最快的速度进行繁殖。它始终在与居住于附近的同类赛跑，而这场角逐决定了谁的后代能够抢占下一代的生态位空间（或者说岗位）。子代中能够活下来的个体的实际数量是由环境决定的。我们可以认为，种群数量是特定时间和地点下土地对这类动物的承载力的体现。但有一个仍然悬而未决的问题则是，究竟谁的后代能占据这些有限的位置。根据定义，一个"适应"的个体就是那些能从有限的库中成功抢占一个生态位空间的个体，而亲代的适应与否是通过其子代在未来能占据多少生态位空间来衡量的。"适者生存"的意思就是那些能够留下最多活着的后代的个体才能生存下去。无论个体在繁殖上投入多大的努力，都不会对未来的种群数量产生任何影响，但就个体所在家系的延续而言，繁殖努力至关重要。这就是为什么所有生物都有繁殖出庞大家族的能力。

野外环境中确实存在极为庞大的家系，而这种庞大在生态学家看来是很有道理的。"要么建立尽可能庞大的家系，要么等着基因断绝。"这一法则所导致的最为直观的结果就是那些建立在成千上万个微小的卵或种子之上的家系。这似乎是最为常见的繁殖策略。家蝇、蚊子、鲑鱼和蒲公英都采取了此种策略。我称之为"小卵对策"。这一策略的优势非常明显，但它不免有代价，而代价就是会繁育体型较大的宝宝且头脑较为聪明的个体所避之不及的那种。

对于小卵对策的使用者，自然选择会做一个非常简单的算术。如果卵能够变小一点的话，那么亲代在摄入食物量不变的情况下可以产下更多的卵，让它在进化竞赛中具备些许优势。这就足够了。由此，自然选择会选择那些能够产下越来越多且越来越小的卵的家系，直到卵的大小达到最优值。如果它的卵比最优值还要小的话，那么它所有的后代可能都会死亡；而如果比这更大，那么这些后代就会因为其邻居的多产而陷入困境。通过尽可能缩小卵的尺寸而使其达到最大数量，从达尔文学说的角度来看，是讲得通的。

可小卵对策的代价是残酷的。这一对策所带来的一个不可避免的后果：当子代降生于世，它们往往赤裸而弱小，其中大多数都会因此死掉。鲑鱼、蒲公英和其他采用该策略的物种，其幼崽大多逃不过早夭的命运。在达尔文以前的时代，人们一度认为鲑鱼、蒲公英和昆虫建立庞大的家族是为了弥补后代所遭受的残杀。幼鱼的生活是如此悲惨，故而上天赐予一条鲑鱼上千颗卵，好让其中一两条能够活下来。这一设想看似言之有理，可仍然让一些人甚至是生物学家感到困惑。实际上，这一论点将因果完全倒置了。弱小无助的幼崽的高死亡率是上千颗小卵的结果，而非原因；是邻居之间的自私竞赛催生了这上千颗小卵，而幼崽的早夭就是这种自私的代价。

对于小卵对策，还有一点需要说明：一旦你被迫采取了这种策略，你多少能获得一点对赌徒的补偿。将众多子嗣广泛地散落于各处意味着你可以在机会较为稀疏地散落于整个空间时更为深入地搜寻到，机会有可能会带来好的结果。野草和泛滥物种就成功地利用了这一优势，比如当蒲公英那降落伞似的种子随风从森林的树干之间飘过，最终降落在兔子洞新翻过的土壤上。野草的小卵对策就好比赌徒在赌场上的一种策略，就是在每个数字都押上少量的筹码。只要他拥有足够多的筹码，他就一定会赢，甚至可能获得很大的收益。与此同时，他也不得不浪费掉很多筹码。这就是为什么经济学家不认同赌徒行为。

◄14

考虑到其逻辑之疯狂，任何有经济头脑的人都不太可能认同小卵对策是事务管理的恰当方法。这一对策的拥趸会倾尽一生于其职业，从它们所生活的环境中赢得尽可能多的资源，随后再将得来的资源投向它们体型微小的子嗣，哪怕这些子嗣中的大多数会死掉。资本回报率实在是低得荒唐，不可不谓经济笑谈。是个经济学家都会告诉这些动植物，想要在这场关乎遗传和延续的赌博中取胜，恰当的方法是将全部的资本都投注于数量较少但体型更大也更强壮的后代，而这些后代全都能够活下来。实际上很多动物采用的都是这样的策略。我称之为"大子对策"。

在大子对策中，亲代会利用可获得的食物产下几个巨大的卵，或者这些后代其实可以在母体内安全地成长。无论采用哪种方式繁殖，这些后代都有较大可能活着长大。它们一出生就体型较大，它们的父母会喂养或保护它们，直到它们能自己照顾自己。父母搜集来的食物大多流向了它们的孩子，而这些孩子能够存活下来。其间几乎没有任何浪费。就和经济学家一样，自然选择也赞同这种对策。体型大的幼崽更有可能活得久，这意味着在等量的食物投入下，会有更多后代能够幸存。鸟类、胎生的蛇、大白鲨、山羊、老虎以及人类都会以这种方式谨慎地安排手中的资源。

生下少量大个的幼崽，抚养它们直至它们变得又高又壮，是现有最可靠的保持种群数量的方法。然而，要使大子对策奏效有一个基本的先决条件，那就是亲代必须生下数量正好的幼崽。如果亲代产下太多大型卵或者生出太多吵闹的幼崽的话，它们可能很难给予子代足够的食物，其中某些甚至会全部死掉。如此一来，就造成了和生小卵同样的经济浪费。所以，繁殖并不能过于雄心勃勃。但是比较节制的个体同样会遭遇失利，因为你的邻居可能会比你多养育一个子嗣，从而让自己的家族在未来的种群中多占一点席位，并使你的家系走上断绝的不归路。子代的数量必须保持在刚刚好，既不太多，也不太少。自然选择会保留那些倾向于"选择"最佳或最优家庭规模的家系。

许多生态学家都抱着这些观点对鸟类进行了研究，他们发现鸟类一窝会下多少个蛋和食物的供应存在相当强的联系。一年中，与食物较为匮乏的时节相比，鸟类平均在食物较为丰富时多产一两个蛋。这种趋势很容易被忽视，但是有时候也十分明显。雪鸮是一种生活在北极苔原上的大型白色鸟类，会在地面筑造宽敞的巢穴。它们会用旅鼠（一种棕色的北极小老鼠）来喂养幼雏。在旅鼠较为稀缺的时候，每个雪鸮巢里可能只有一两个蛋；而在苔原上遍地旅鼠的时节，每个巢穴里甚至可能会有十个蛋。雪鸮显然精于评估自己每年能够抚养得了多少幼雏。

人类比雪鸮更聪明，他们将大子对策发挥到了极致。他们能够理解周围的环境，对未来做出猜想，根据他们头脑对自己能负担的程度的判断来计划生育。哪怕不同民族在不同时代都会做出杀婴的举动，那也是为达尔文主义的环境适度所服务的，而不是去充当控制人口的手段。让一个没法被长期供养的婴儿活着是没有意义的。杀掉那些无法被安稳地抚养长大的婴儿能够提高剩下的婴儿活下来的概率，艰难世道下的杀婴行为最终会让更多孩子长大。 ◀16

因此，物种皆有其位，每一种都在全局中占据一席之地。每个物种都有一套经自然选择完善的繁殖策略，旨在让尽可能多的后代活下去。对明确的生态位的需求意味着对种群规模的限制，因为动物或者植物的数量由在该生态位上延续生命的机遇决定。反之，繁殖策略的种类并不会影响一般种群的规模，而繁殖的驱动力就是决定哪个家系能在抢占有限的生存机会上占据先机的斗争。每个家系都试着比其他家系生育更多的后代，哪怕它们这种生物的总数是保持不变的。生态学家就是依靠这些原则来解释本学科的某些重要问题的。 ◀17

第三章

大型猛兽为何稀少？

　　动物有不同的体型，体型较小的动物往往比体型较大的动物常见得多。

　　在北半球的温带地区，任意一小片林地里一般都生活有昆虫。要找到比昆虫体型更大的动物，就需要直接跨越到小型鸟类这种大小级别的动物，但其数量远不及昆虫那么多。体型再大一级的动物，则要数狐狸、老鹰和猫头鹰，整片林地里可能也只生活着一两只。狐狸的大小是鸣禽的十倍，而鸣禽的大小又是昆虫的十倍。如果该昆虫是生活在林地的肉食性步甲，它又像狼蛛一样在树叶丛中捕猎的话，那么它的体型就要比它们的猎物螨或其他小生物大十倍。

　　这个生命系统中的动物的确具有截然不同的体型。当然，也有一些动物的体型居于两种极端之间，但并不多见。看上去，松鼠显然应被归入体型较大的那类，但是除了蝾螈和蜥蜴，很难找到体型介于昆虫和小型鸟类之间的动物，而蝾螈和蜥蜴也不是温带林地的主要居民。蛞蝓和蜗牛的体型接近于毛虫，鼩鼱和蟾蜍的体型接近于鸣禽，甚至是蛇也可以依体型被设想为一种性状奇怪的鹰。

　　同其他任何地方一样，这片树林里生活着体型迥异的各种动物，而且体型较小的往往最为常见。海洋中也存在类似的现象，其形式甚至更加古怪。在海洋中，真正微小的生物是植物，包括微型硅藻和其他藻类，比这些生物大十倍（左右）的是浮游动物和桡足动物之类的动物。体型再大的则是以桡足动物为食的虾和鱼。还想找到更大的生物，我们就得跨越到鲱鱼，然后是鲨鱼或者虎鲸这样的体型。在海洋中的任意角落，这种将体型悬殊的生命汇集于一处的现象都是相当正常的。 ◀18

　　在海洋中，我们同样可以清楚地观察到体型较大的生物较为稀少的现象。大白鲨极其罕有，而其他类型的鲨鱼也同样稀疏地分布于全球海洋中。比起鲨鱼，体型与鲱鱼相近的鱼类则要常见得多，但即便如此，我们任意潜入海洋一隅所能见到这种鱼的数量也是较为有限的。然而，如果你一边漂流，一边将目光驻留在氧气罩的外侧，那么你将看到无数飞蹿而过的小点，它们都是些体型更小的动物。若你随后从这里取一些海水，接着放进离心机里离心，则离心管底部很有可能会出现一层薄薄的绿色浮渣，组成这层浮渣的是不计其数的微小植物单体。

　　无论在林地间还是海洋中，微小的生物都是相当常见的；比它们体型大的生物要比它们大上好几倍，但与此同时也要比它们罕见得多。以此类推，所有动物中，最大的也必然是最稀有的。无论在热带雨林、爱尔兰的沼泽还是其他地方，我们都可以发现类似的模式。一个令人惊异的事实就是，生物的体型通常会呈现几个层级。尽管经仔细审视后，我们会发现某些模棱两可或例外的情况，但不同层级之间通常会呈现较大差异。体型较大的动物通常相对稀少、罕见。

牛津大学的查尔斯·埃尔顿早在半个世纪之前就指出了这一事实。埃尔顿曾前往名为斯匹次卑尔根的北极小岛探险，那座小岛被没有树木的苔原所覆盖。岛上的动物在野外来来往往，于是他对一只北极狐完成日常事务时的一举一动进行了特别追踪。北极狐可以说是一种非常温驯的动物。（在白令海的圣乔治岛上，有只北极狐曾趁我坐在一块石头上的时候，试图从我的口袋里偷走三明治。）整个夏天，埃尔顿都在密切地追踪他的狐狸并思索着它们的活动，而这个夏天也是生态学家所度过的最为重要的夏天之一。

北极狐会捕捉苔原上的夏候鸟，比如雷鸟、鹬和美洲雀。这些鸟类的体型比北极狐要小一个级别，但是数量则要比北极狐多上很多。雷鸟以苔原上植物的果实和叶子为食，而鹬和美洲雀则会吃些昆虫和蠕虫。同样，这些动植物的体型要比这些鸟类小一个级别，其数量多上很多。北极狐同样会猎食比它体型更小、数量更多的海鸥和绒鸭，而这些鸟类则以大海中数量丰富的微小生物为食。埃尔顿不仅看到了这一现象，并且正如夏洛克·福尔摩斯批评华生未曾做到的——他继续观察着这一现象。自从思想诞生，每个人都知道渺小的事物是常见的，而宏伟的事物是少有的。埃尔顿不断思索着这种现象，就像牛顿对着掉落的苹果沉思一般。他也意识到他眼前所见的景象十分怪异。为什么大型动物就应当那么稀少？为什么生物的体型会呈现分层的状况？

　　斯匹次卑尔根岛上的夏天让埃尔顿在提出这些问题的同时也回答了其中的第二个。体型上出现的分层由猎食和被猎食的机制决定。埃尔顿曾见过北极狐吃鹬、鹬吃蠕虫的场面。这些不同体型的动物被一条看不见的猎食与被猎食的锁链牵连在了一起。北极狐必须足够大且足够敏捷才能捉住并吃掉它们要捕猎的鸟类；同样，鸟类也必须能够制服并一口吞掉它们要吃的动物。一般来说，动物的体格必须大到能够轻松制服它们的猎物，并且通常还要能将其整个或者近乎完整地吞进自己的喉咙里。当我们沿着食物链从一个环节移动到另一个环节时，生物的体型会大致增长十倍。生物会出现体型上分层的情况，是因为每一个物种都必须进化出比它的猎物大得多的体格。

　　埃尔顿所得出的结论在一般情况下显然是正确的。他的种种思考都是以林间地和海洋中的群落为基础的，而这些群落似乎也极好地印证了他的观点。这些群落中的生物的确呈现出不同的体型，而它们的体型似乎也的确是呈断崖式的提升，因为它们中的每一种都已经进化得比它们的猎物更大。但是我们也可以举出很多不符合"食用关系决定体型"这一一般规律的特例：狼、狮子、体内寄生虫、大象和须鲸。很多动物要么比它们的猎物还小，比

◀20

19

如狼或者寄生虫；要么比其猎物大到荒唐的地步，比如鲸。当我们进一步观察这些动物的时候，我们会发现它们不仅是特例，同时也是些极具启发性的特例。

陆地上的食草动物并不适用埃尔顿的模型，至少不是完全适用，因为陆地上的植物能为不同动物提供不同大小的可一口吞下的食物。觅食者不必因为只是要吃掉它而杀掉整株陆地植物，它们只需要扯下大小合适的一丛枝丫、一串嫩芽、一些草叶、一颗浆果或一口树叶就可以了。基于植物的食物链可以通过很多不同大小的植食动物展开，因为松鼠、毛虫和大象都吃同一种食物。即便如此，植物的大小也并不是完全一贯的，在任意区域内都是如此。森林中或草原上都生活有大大小小的植食动物，按体型给它们分类也并非难事，因为植食动物的捕食者在寻找猎物时必须注意它们的体型。选择猎物的压力沿着食物链自上而下地发挥作用，使食草动物进化出足以让它逃脱捕猎者追杀的体型，甚至还让食肉动物进化出能巧妙地捕杀猎物的体型。具有不能刚好塞进其他动物嘴里的体型就和具有适应猎物尺寸的大嘴一样重要。所以，自然选择倾向于保留体型上的层级，哪怕食物链是以草原草料或是森林的养分为源头的。

狼在某些情况下是符合埃尔顿所总结的规律的，比如当一只狼独自捕猎啮齿动物或小型猎物的时候。但狼已经通过进化学会了群起而攻之的把戏，从而当它们在冬天摆脱了家庭琐事、得以成群外出的时候，可以一同击倒比它们体型更大的猎物。其他群体狩猎的动物也以类似的方法捕食。所有大型食肉动物都进化出了适应其猎杀行动而非吞咽需要的体型，因此一只狮子只要体型大到能够扑倒一只生病的斑马就可以了。

寄生虫出于显而易见的原因要比它们的猎物更小，但是其活动仍然倾向于将寄生食物链上的动物按不同的大小以各个环节分隔开来。早在生态学诞生前，乔纳森·斯威夫特（Jonathan Swift）就在一首小诗中描述了这一现象：

> 大跳蚤身上有小跳蚤
>
> 　在它们背上来咬它们
>
> 小跳蚤身上又有小跳蚤
>
> 　如此这般，没完没了

一些非常特殊的海洋动物（如鲸）甚至更具启发性，我们会在本章的末尾讨论它们。除此之外，在海洋中，生物在体型上所呈现的模式基本上完全符合猎物尺寸是如何影响捕猎者体型的最直白的诠释。这是因为海洋植物是微小的、独立的，它们会被以它们为食的生物捕获并吃掉（海岸上的海藻对于宽广的海洋来说是微不足道的）。所以在海洋中，沿着食物链，从体型最小的植物，经过甲壳动物和鱼类，再到大白鲨，我们能相对完整地看到体型是如何一步步实现递增的。 ◂22

在思考埃尔顿的这些观点时，我们势必会直面大自然的另一个难解之谜："为什么陆地上的植物会长得比较大，而海洋中的植物体型较小？"但是这个问题需要留到其他章节再行讨论。

现在，轮到关于稀少的问题了。埃尔顿指出，沿着食物链一路向上，生物的体型势必发生较大的跨越，而位于食物链顶端的动物体型势必较大。可是，为什么体型大的就应该稀少呢？它们也确实非常稀少。只消将鲨鱼的数量和鲱鱼的数量、鸣禽的数量、毛虫的数量比上一比，我们就能发现这一现象。在体型发生跨越的同时，其数量甚至会出现更为急剧的缩减。埃尔顿曾创造了一个术语来描述这一生物现象，他称之为"数量金字塔"。他设想了这样的场景：一大群微小的动物用它们的臂膀托起体型比它们大十倍而数量远少于它们的一群动物，而这群动物又托起另一群体型比它们大十倍而数量非常稀少的动物。埃尔顿以个体的数量为横轴、以食物链中的位置以及体型为纵轴，构想了一个生命曲线图。在他看来，动物群落的函数曲线呈阶梯金字塔形。（左塞尔阶梯金字塔位于埃及萨卡拉，这座宏伟的四棱锥建筑由数层正方形石材堆叠而成，因此只要越过四或五个大台阶便可到达其顶端。）当生态学家聚在一起时，他们会把这个结论称为"埃尔顿金字塔"。那么，从北极苔原到热带丛林再到大洋中的广阔空间，为什么无论我们看向大自然的何处都会发现这样的数量金字塔呢？为什么大型动物——特别是大型狩猎动物，永远都稀少得出奇呢？

我们很容易想当然地认为：这是毫无疑问的，宏伟的事物就应当比渺小的事物数量更少。但是这种说法是在暗示埃尔顿金字塔反映的仅仅是空间几何层面的基本事实。现实中显然不缺容纳更多大型动物的空间。比如，斯匹次卑尔根岛上的每只北极狐都有好几英亩的土地供其游荡，而全球海洋里能够容下数量惊人的海洋顶级食肉动物(比如大型鲨鱼和虎鲸)。大型植物以令人震惊的数量汇集于陆地,形成了我们所谓的"森林"。只有大型动物备受排斥。

第二个我们容易轻信的观点就是,世上的肉体总量(生态学家会称之为"生物量")是有限的,同一块血肉可以用于创造少数体型较大的肉体或者很多体型较小的肉体,体型较大的动物少见的原因是它们从自己的蛋糕中切下了较大的一块。从某种层面来说,这一主张是有道理的,但是它仍然不够准确。如果我们不对金字塔上不同体型层级的动物进行计数,而是对它们进行称重的话,我们会发现,体型较小的动物的肉体总量要远多于体型大的动物,小型动物在物种现存量较高的同时个体数量也更多。林地中所有昆虫的总重要比所有鸟类的总重高出数倍,所有鸣禽、松鼠和老鼠加起来的总重则要远大于狐狸、老鹰和猫头鹰的总重。数量金字塔同时也是重量金字塔。但我们的问题依然没有得到解决。为什么体型较大的动物只分得如此少的活组织呢?

埃尔顿本人并没有为这个问题找到答案。他认为,这也许是因为小型动物繁殖的速度极快(确实如此——若是将蝴蝶的产卵量和吃毛虫的鸟类的产卵量相比的话),而快速繁殖是建立庞大种群的关键。然而,在这一点上,他和某些生物学家以及一些神学家犯下了同一个由来已久的错误,就是认为数量是由繁殖策略决定的。我们在上一章中已经讨论过这个完全不符合达尔文主义精神的观点。数量是由某种生存方式能得到的机会而非繁殖方式决 ◀24 定的:是教授岗位的数量为教授的数量设定了限制,和研究院是否产出大量毕业生无关。同样,大型动物的稀少与它们的繁殖欲望无关。埃尔顿的解释是说不通的。

科学界花了近二十年时间才为埃尔顿于1927年提出的问题找到答案。回答这个问题的是耶鲁大学的雷蒙德·林德曼（Raymond Lindeman）和伊夫林·哈钦森，他们将食物和肉体视作卡路里，而非血肉。

一单位的生物量（或者说肉体）相当于一单位的潜在能量，而这些能量是以"卡路里"为单位计量的。燃烧一大块蛋白质，会释放出许多卡路里的热量；燃烧一大块脂肪，会得到更多卡路里的热量。对于西方那些担心食物中的"卡路里"会让他们发胖的富人来说，这已经算得上是常识了。在二十世纪三四十年代，哪怕是没怎么受过教育的好莱坞小明星都知道卡路里，可生物学家却较晚才注意到卡路里这一概念的可利用性。尽管如此，在将食物换算为卡路里的过程中，大型猛兽稀少的原因开始浮出水面。

将动物肉体以卡路里为单位进行计量同样提醒了我们一个非常重要的事实：肉体不单单是灵魂的容器，它还是一种燃料。动物持续燃烧着它的燃料储备以完成各种生命活动，在通过嘴巴和鼻孔这些烟囱喷出废气的同时，它们也将卡路里作为热辐射输送至外界。动物会将其肉体消耗殆尽，它们会通过吃下更多的食物来补充损失的物质，随后再把这些物质中的大多数耗尽。在埃尔顿金字塔的每一层，用生命之火消耗物质的过程都在持续进行，而承托着这座动物金字塔的植物为这股火焰持续提供新鲜的燃料。无论在金字塔的哪个层级，动物都必须设法获取燃料（食物），而这些燃料可以从其所在层级的下一层夺取。但它们只能夺走下层动

25 ▶

物未用尽的燃料的一小部分，上层动物必须利用夺来的这一点点燃料构建自己的身体并为生命活动提供能量。这就是为什么它们的数量只占了下一层动物数量的零头，也就是为什么它们更为稀少。

生命的终极火炉就是太阳，太阳通过永恒强劲的光线向地球输送着卡路里形式的热量。植物占据了地表每一小块可用的土地以捕捉阳光，它们绿色的能量接收器和转换器会适应并朝向光源，就像卫星镀金帆板上的电池那样。在这些我们称之为叶子的绿色转换器中，植物会运用来自太阳恒定份额的能量来合成燃料。它们会将其中一部分燃料用于构建自己的身体，还有一部分则会被它们"燃烧"以完成各种生命活动。动物可以吃掉这些植物，但是它们无法获取所有的植物组织。我们知道，大地表面呈现棕色的原因正是其上覆盖着没有被动物吃掉的腐败残渣。此外，动物也无法获得已经被植物耗尽的"燃料"。因此，在地球上，动物的肉体总量是不可能比植物多的。大型植物的数量可能会极为丰富，而且它们可以并排生活，而类似体型的动物则不得不稀疏地分散于各处，因为它们的数量只能有植物的十分之一丰富。

就算所有动物都是素食主义者，结局依然如此。但是动物并不都是吃素的。对于食肉生物来说，它们所能获得的最大食物（卡路里）供给也只是它们植食猎物的肉体的一小部分，它们在利用这小一部分的卡路里来构建自身的同时还要把它用作燃料。此外，它们的身体必须足够大也足够敏捷，好让它们能够靠狩猎糊口。如果一只动物处于食物链中较高的位置并以食肉动物的肉为食的话，被狩猎的对象只能提供更少的能量给比它更大也更凶猛

26 ▶ 的动物。这就是为什么大型猛兽是如此令人吃惊（或者欣喜）的稀少。

这就是耶鲁大学的两位学者在二十世纪四十年代阐释的世界上最为重大的有关稀少和丰富的模式。生存方式始终在与一种最基本的物理限制（也就是能量的供给）相碰撞。

到五十和六十年代，林德曼和哈钦森在自然历史方面所做的工作深深影响了生物学界的观念，而学界内年轻从业者的自尊心开始变得激昂起来。人们开始将田野经验与物理学的基本定律相联系。正如我们所说的，能量在沿食物链向上流动的过程中会一步步地不断降级，在完成各种活动时它会不断被消耗并稳定地流向热沉。埃尔顿在斯匹次卑尔根岛的所见所闻以及无数博物学家凭直觉认识到的生命的这一重要模式，显然是热力学第二定律的直接结果。

我们现在能够理解为什么地球上不存在比任何动物都更加凶猛的龙，因为当前的能量供应还供养不起体型巨大的龙。海洋中的大白鲨和虎鲸以及陆地上的狮子和老虎显然已经是当代地球所能供养得起的最强大的动物了。即使是它们，也十分稀疏地分布在各个地方。我们在全世界的海洋中畅游个好几辈子都可能撞不上一只大白鲨。正如中国的一句古话所说：一山不容二虎。进化的原理告诉我们，这些动物的存在意味着理论上有一种可能性，即会有其他动物能够进化到可以吃掉它们，然而狩猎大白鲨和老虎的行业或者说生态位所能提供的食物（卡路里）远不足以支撑极少量体型足够大且足够凶猛可怖的动物。因此，这样的动物从
27 ▶ 未进化出来。大白鲨和老虎代表着物理定律允许当代地球供养的

最大型的捕食者。

然而，我们随后就会遭遇第一个看上去很难用这个观点解释的现象。现存的动物中并不乏体型远大于老虎和鲨鱼的动物，并且地球上也曾经存在过一些体型极为庞大的动物。要怎样才能让它们的存在与我们对热力学第二定律的诠释相符合呢？

大象以及大型偶蹄动物的体型都要比老虎大。在过去，地球上曾经存在过体型更大的哺乳动物，比如大地懒和雷兽。雷兽是一种形似长得过大的大象的野兽，它是目前已知最大的陆地哺乳动物。剑龙、雷龙和禽龙这三种笨重的恐龙则是中生代体型最大的爬行动物。这些动物并未给该模型的自洽造成任何困扰——它们全部都是植食动物。在埃尔顿的模型中，所有植食动物的个头都很小；在现实生活中，大多数的植食动物也确实如此。植食动物必须体型较小的规则在开阔海域被贯彻得较为彻底：漂浮植物的体型极其微小，只有体型极小的动物能够靠吃它们维生。然而，在陆地上，植物通常呈现为连绵不断的叶丛，我们称它们为植被；那些体型巨大、行动迟缓的动物则可以肆意咀嚼树叶，而不需要保持狩猎所必需的精确性。大量的能量供向了处于埃尔顿金字塔底部的植食生态位，故而在种群数量得当的情况下，哪怕体型极为庞大的动物都能得到供养。因此，雷龙和大象之类的动物并不能动摇我们对能量流模型和热力学第二定律的信念。

还有两类动物似乎更加难以解释：一是当代海洋中体型庞大的须鲸，它是已知地球上现存的体型最大的动物；二是包括霸王龙在内的食肉恐龙。它们都是食肉动物，并且体型要比大白鲨或

◀28

老虎明显大上很多。

须鲸学会了如何作弊，它们会以不同于埃尔顿所识别的狩猎模式来捕获它们的食物。对于正常结构的埃尔顿金字塔，有一条非常基本的规则就是每一种食肉动物的体型都与其食物的大小直接相关。它必须足够大，才能一口气捕捉并吃掉它的食物，但也不能大到那食物对它来说只是微不足道的一口而不太值得费尽辛劳捕食。在这个模型中，蓝鲸和露脊鲸的食物应当达到几英尺长。可事实并非如此。鲸会用它们筛子一样的鲸须来作弊，它们可以利用鲸须毫不费力地在海面上过滤大量名为磷虾的小虾。这些鲸去掉了所有的"中间商"，它不像埃尔顿金字塔内的其他捕食者，需要等到小鱼吃了磷虾、大鱼吃了小鱼之后才能吃上自己那一口，因此也避免了其间会产生的一切能量损失。所以，尽管鲸不是植食动物，它们却仍位于食物链较低的位置，而此处能量的供应相对丰富。在海洋中漂浮的鲸只将极少的能量用在它们懒懒散散的捕猎上，它们一边安静地游水，一边张着自己的嘴，等着从海水汤里捞出些肉来。所以，看上去是个例外的鲸实际上并非例外，我们的模型依然成立。

霸王龙的情况则更难用这一论点来解释。霸王龙是一种巨型食肉恐龙，通常被描绘得像一只巨大的绿色袋鼠，长有蟾蜍一样丑陋的头、可怖的利齿和悬垂在难看脖子下一对不停扑动的、无用的小手臂。配得上霸王龙这样的名称且具有这种体型的动物确实是存在过的，因为我们已经有了它全部的骨头样本。它比狮子、老虎或者其他任何有记载的捕食者大上好几倍。是什么让它成功挣脱了禁锢着它所有继承者的热力学第二定律的限制呢?

有必要指出的是,霸王龙与其现代继承者在食物链上处于相同的层级。它以处于食物链上较低位置、接近埃尔顿金字塔底部的植食动物为食,而在这个层级上,仍可以获得较多的能量。因此,这样的动物具有一个庞大的身躯并非完全不可能。我们知道,在霸王龙的时代,地球上存在很多种类的大型植食动物,而在没有狗这样的群体捕食者的情况下,只有非常强大的捕食者才能制服它们。我们可以因此得出结论,对于中生代的捕食者,体型大且凶猛有力的必要性是显而易见的。没有任何其他动物能够如此大量地获得这些活生生的肉,所以自然选择准备了霸王龙。

对于上述论证,我始终都不太满意。如果自然选择能够在那个时代塑造出霸王龙,那么为什么在随后所有的时代里它都没有再让霸王龙出现?为什么在哺乳动物兴盛的时代,再也没有类似霸王龙的动物出现?特别是在第三季晚期,当地球上所有平原都被一群群让现代非洲的兽群看起来微不足道的猎物所占据的时候?我不得不得出结论:存在于整个哺乳动物时代的、对于凶猛有力的捕食者体型的限制,同样作用于中生代的爬行动物。经过思考,我不得不自欺欺人地说:从生态学的角度来看,霸王龙是不存在的。尽管我们有它的骨头,而且这些骨头毫无疑问地来自一类具有如此体型的大型食肉动物。当我看到最近有人试图以另一种方式拼凑这些骨头并画成图时,我的内心终于感到些许平静。

描绘了敏捷的食肉霸王龙形象的经典图像来自十九世纪对该 ◀30
动物所进行的复原。于1968年首先发表在《自然》杂志上的最新复原结果则表明，它其实是一种步履蹒跚、行动缓慢的野兽，绝对不是我们所幻想的那种会追赶在一群疾驰的雷龙身后的猎手。但它还是有可能吃到它们的，它会挑出那些生病的还有濒死的，而得到的通常只是它们的腐肉。霸王龙并不是一种迅疾的捕食者。它无法站直，也不能跳跃，勉力让自己庞大的身躯保持平衡。考虑到它可以用长长的尾巴平衡自己的动作，也许它能在短时间内快速移动。但是在一天的大多数时间里，它都会保持俯卧，因为趴伏的姿势能够帮助它保存能量，而且它还可以间或起身，用两只弱小的前爪在前方撑起庞大的身躯，直到它能够用那两条粗壮的后腿保持平衡并站起身来。霸王龙的确通过食肉来维持它的大块头，但是它避开了迅猛行动所要付出的能量消耗的代价，从而保证它能制服自己要吃的那些巨大猎物。霸王龙在陆地上所运用的计策和须鲸在海洋里采用的基本相同。它找到了一种不那么埃尔顿的方法来获取植食动物身上的肉，以避免进行正常的狩猎。像它这样的动物从那以后再未出现，是因为在哺乳动物的时代，像霸王龙这样慢吞吞的野兽在有机会碰到肉之前，真正矫健的捕食者就会将其目光所及的所有肉一扫而空。矫健的捕食者甚至可能捕猎霸王龙。

霸王龙，就如其通常被描绘的那样，完全是个谜。但是，也许我们可以放心地说，它将和我们文化中的所有谜题一样难解。现实生活里捕食者的体型和凶猛程度都被限制在老虎这样的水平，而甚至连这些老虎都必须保持较为稀少。热力学第二定律是这么说的。

第四章

生命的效率

　　如今，我们对生态系统的运作方式已经有了较为科学的概观。绿色植物会根据彼此的职业分配生态系统内可用的空间。每一种植物都有独立的生态位：有的专门生活在肥沃的土壤中，有的专门生活在贫瘠的土壤中；有的总在季节初萌发，有的总在季节末萌发；有的体型很大，有的体型很小。这些绿色植物会捕捉太阳的能量来制造燃料，其中一些会为植物所用，一些会被动物获取，更多的则会最终走向腐烂。处于埃尔顿金字塔底层的植食动物所获得的大部分能量都被它们自己消耗掉了，不过还是会有一小部分会被它们的捕食者获取。对于沿食物链向上一两个环节的动物，情况可以以此类推。埃尔顿金字塔的每个层级都包含众多动物物种，而每一种的数量都由其选择的职业（生态位）决定。所有动植物必须利用大量燃料繁育尽可能多的后代，而这些后代中又有很多会被其他动物当成燃料。在这个生态系统中，每一种动植物都有各自被指定好的位置，而这个位置由它在金字塔中的层级以及它的生态位决定。所有这些生物都被一张巨大的捕食与被捕食的网络联系在一起，而一个生态系统就是一个由一群能量消费者组成的群落，所有这些消费者都殚精竭虑于获得最多的能量并尽可能地将其利用到极致。大自然能够自我延续的机制就是所有这些个体努力的结果，而我们也一直在为其惊奇不已。

32 ▶　　这一机制到底有多巧妙呢？它肯定是有用的，它也毫无疑问是持久的，可它是否高效呢？这个问题不仅仅是一个学术层面的问题。人类种群的未来取决于生态系统燃料汇集的效率，我们自然而然地会想了解自然生态系统中的动植物是否能高效地转换能量，我们所依赖的农业生态系统比自然生态系统是更好还是更糟。一旦我们得到了这些问题的答案，我们就会想知道是什么为自然生态系统的效率设定了限制，而我们是否可以采取任何方法来进一步提高它。我们首先要把目光投向植物，因为它们承担了将阳光转化为燃料这一最为重要的任务。我们要了解它们作为燃料工厂的效率如何。

　　能够存活至今的植物必然是已经"适应"的植物。它们必须比那些本可能存在的植物能够留下更多的后代，这就意味着它们必须比那些本可能存在的植物获得更多的养料，而这也意味着它们必须比那些本可能存在的植物更加高效地捕获阳光。因此，一个认同达尔文学说的生态学家会认为：所有植物都应当极为高效。我们可以看到，所有那些我们称之为"叶"的绿色能量接收与转换器密密麻麻地排布于地球表面。到目前为止，一切都棒极了。可我们仍然希望在叶的数量如此丰富的同时，这些绿色接收器的化学和热动力学机制能够同等高效。当我们听到工程师谈论汽车或者蒸汽机的效率时，他们所说的效率指的是燃料供应的能量能有多大程度转化为有用功。他们常常会说效率为20%或30%。带着这些想法，我们开始着手于对动植物实际能够达到的效率进行测量。

植物的效率在一篇精妙的理论研究中首次得到测定。该研究由纳尔逊·特兰索（Nelson Transeau）在俄亥俄州立大学位于哥 ◀33 伦布市的一栋老建筑的办公室里完成，那时他正为将在当地科学院进行的主题报告寻找材料。这位学者所研究的植物就是平平无奇的玉米。这种植物对于理论研究来说再合适不过了，因为关于玉米的任何测量数据都可以在图书馆以外的地方获得。在此之前，从未有人想过要如何去测量它的效率，但是人们早已测量过一位聪慧学者在计算玉米效率的过程中可能需要的一切数据。

玉米的一生从一片空白的、未经耕作的土地开始，这片土地的生产力为零、效率为零。玉米随后开始成长，而农场主会积极地采取措施来保卫它，使它免遭动物和害虫的啃食和侵害，直至其成熟。其间的几周，玉米会一直接收阳光并先将其转化为糖，随后再转化为所有其他植物结构和成分。这些玉米植株所捕捉的每一卡路里都有两种可能的命运：要么被植物自身消耗以完成生长或生存所需的活动，要么一直被保留到收割期，主要作为潜在能量存在于这株待收割的作物中。对玉米植株的称重已经足够频繁。农业手册中也常常会随意给出有关玉米的籽粒产量、叶、茎、根等各方面的平均数字。每克籽粒、叶、根以及剩余部位所含的卡路里也是已知的，就和每克糖或冰激凌中所含的卡路里是已知的一样。所以，我们可以将一片玉米地里的总卡路里数求和。计算植物会在一生中燃烧多少卡路里则要更加困难，但是正如我们将要看到的那样，这也不是不能搞清楚的。

特兰索以位于伊利诺伊州的一亩地作为研究对象。这是一个不错的起点，因为有人已经测量过在正常夏季的一天里，会有多少卡路里的热量从太阳转移至该州的土地。生长在这一亩地里的健康玉米植株构成了一个包含上万株植物的种群。这些植物从发芽到结果，恰好需要整整一百天的时间。现在，只需要拿起农业手册就可以查到一万棵生长良好的玉米植株需要按重量交多少的税。特兰索就是这么做的，他随后还做了一点计算，将它们含有的纤维素、蛋白质及其他化学物质换算回最初构成它们的糖。在特兰索的脑海中，他看到的并不是一片长着上万棵黄色的、沙沙作响的植物的田地，而是一堆漂亮的、闪闪发亮的白色的糖。这些糖重达 6 678 千克。

现在，特兰索只需要知道这一万棵植物在它们活着的一百天里究竟"燃烧"了多少糖，而他只用打开自己的笔记本就可以找到这个数字。特兰索是植物呼吸测定领域的先驱。在 1926 年发表主题演讲的时候，他已经得到了所有他需要的数据。这些数据来自特兰索自己种植的玉米植株。他将这些植物种在玻璃房内，这样一来，他便能控制空气的供应。他测量了进入玻璃房内以及从玻璃房内排出的二氧化碳的量。在完全黑暗的情况下，他的实验植物会像动物一样呼吸。它们通过燃烧糖获得生命活动所需的卡路里，并将燃烧废气排入空气中。因此，从玻璃房内排出的额外的二氧化碳可以作为衡量燃烧——糖消耗情况的标尺。特兰索的笔记本能告诉他不同生长阶段的玉米植株在一天内通常会消耗多少糖。

　　如此一来，计算一万棵植物在一百天内会消耗多少糖就变得非常简单了。于是，特兰索就在第一个糖堆的旁边看到了第二个闪闪发亮的白色糖堆。这一堆糖是植物自己制造后又自行消耗掉的。第二堆糖的重量为 2 045 千克，所以两堆糖加起来的总重为 8 723 千克。这就是这片玉米地在那个夏天制造的所有糖。现在，◀35 终点已在眼前。8 723 千克葡萄糖相当于 3 300 万卡路里。然而，那个测定过阳光在伊利诺伊州的照射情况的人认为一亩地在夏季的一百天中能接收高达 20.43 亿卡路里的能量，是上述结论的 50 倍还多。用玉米的产出除以土地接收的能量并乘以 100，就能得到特兰索得出的结论：生长在伊利诺伊州优质土壤中且受到良好照顾和关注的玉米植株的效率仅为 1.6%。

　　既不是蒸汽引擎那样 20% 或 30% 的效率，也不是适者生存或大自然的精妙运作等观点所暗示的那般超高的效率，只有可怜的区区 1.6%。这一结果足以让我们咋舌。这位坐在扶手椅里搞研究的学者会不会有哪里算错了？人们已经对真正的作物进行过所有特兰索所建议进行的测量，测量的对象不仅有玉米，还有包括甜菜在内的其他高产作物。他们得出了类似的答案：大约 2%。他们还通过监测流向植物的原料流以及流出植物的废料流，更为直接地测量了光合作用过程中糖生成的速率。许多研究肯定了这一估计自作物的值。生长在肥沃土地上的高产作物的效率仅有 2%。

也许，是我们的农业存在某些问题。也许，作物的效率如此之低是因为它是那片土地上唯一的植物——它是在非自然的条件下生长的。但是，这种解释是不成立的。测量野生植物的效率要比测量作物的效率更加困难，但并不是做不到。我们不可能像收割玉米那样在一片土地上收割到年龄全都一样的野生植物。但事实证明，对于一个有计算机一般头脑的人，制作样品并对潜在的野生植物进行计算并非人的聪明才智所不能及之事。我们现在知道野生植物的效率和驯化植物的效率差不多一样。2%这个数字大致能够表述所有在非常有利的条件下生长的植物的效率。大多数野生植物甚至达不到农作物所能达到的 2%，它们也不需要达到这种程度。现在，需要我们来解释为什么了。到底是怎样古怪的情况使得 98% 的太阳能没能流入那些探出头来、急切等待着它的生物呢？

我们对此的所有了解都是实验室人员告诉我们的。生长在玻璃房内的植物的所有生存条件都是受到严格控制的，因此它能较为舒适地生活而不受干扰，就像保育箱中的婴儿一样。一株植物的呼吸状况是通过测量它吸入以及向玻璃房中排出的气体来达成监测的。当这株植物忙着用二氧化碳和水来制造糖从而实现能量转化时，它就会释放氧气，而这些氧气会被传感器探测到；当它在黑暗中呼吸时，它就会释放二氧化碳。你可以对样品进行湿化学试验，也可以利用碳的放射性同位素来测量植物的活动情况，甚至可以将玻璃房与现代分析实验室里精密昂贵的电子仪器连接在一起。无论采取何种测量方法，我们都能推断出实验室植物制造葡萄糖的速率，进而可知其固定能量的速率。利用包括微型绿藻在内的水生植物来进行测量则会让实验变得更加容易，因为水能够使化学反应变得更简单。随后，已知强度的光可用于照射玻璃培养器，而该水生植物的一切活动都会被精确地记录下来。

　　第一个令人惊异的发现就是照射于植物的各类光中有一半对它体内的化学反应没有显著影响。阳光的总能量有一半都在光谱的红端，我们称之为"红外光"。肉眼看不到这种光，但是它会作为温暖的光线洒落在我们身上。尽管红外光的强度较低，累计的红外光却能达到所有自太阳来到地球的能量的一半。就算用红外线灯照射水中的植物，植物内部的化学反应也不会发生变化。就 ◀37 像看不见红外光的我们一样，植物也不能捕获远红外波长的能量。植物只能利用"可见"光。

　　我们显然已经找到了一个能够解释植物为何如此低效的理由，但是在我们举出它的时候，我们也向信奉达尔文主义的生物学家提出了一个奇怪的问题。为什么植物非得像人类的眼睛那样只能利用可见光？植物必须依照达尔文理论中博弈的规则行事，它们必须努力从周遭环境中抢夺尽可能多的卡路里，进而把这些卡路里转化为自己的后代。自然选择花了几十亿年精进它们在这方面的能力，因此它们理应十分擅长这项工作。可在所有向它们倾泻的能量中，有一半都是它们无法利用的，未免太奇怪了。

在这一现象最初被发现的时候，有一个颇具独创性的观点被提出以对其进行解释。该观点指出，植物的演化最初都发生在海里，而红外光无法穿透水体至海洋深处，它会被海水迅速地吸收。潜过水的人都知道，在水面下，一切看上去都是蓝色的。生长在水下的植物从未接受过红外光的照射，它们只得利用光谱中偏蓝的那一半来完成所有的生命活动。于是，该观点认为，所有植物的祖先都演化成只能利用能够穿透水体的高能射线——基本上就是可见光。然而，如今的植物已经在陆地上生活了数亿年，连生物学家都很难相信它们在那么长的时间里仍然没有适应这个有着红外光的明亮新世界。所幸，现代的物理化学家已经找到了更好的解释，让我们的内心得以宁静。

在固定能量（也就是我们所说的"光合作用"）的过程中，绕着原子转动的电子会受到剧烈的扰动，整个过程需要强烈的能量脉冲才能实现。可见光的辐射已经强烈到足以固定住能量，但红外辐射并非如此。生命再次屈服于严酷的物理定律，只利用来自太阳的一般能量完成它能够进行的所有工作。红外光能够温暖植物，也确实在地球上起到了这样的作用。它还让植物体内的水分蒸发，它还能促进植物循环系统的运行。但它也只有这么多作用。

既然物理定律让植物只能利用一半阳光，我们就应当相应地修正我们对效率的计算结果。我们应当将计算得来的野生植物和作物植株的效率都乘以2，将它们从可怜的2%提升至几乎同样可怜的4%。既然蒸汽机、汽车引擎的效率仍然可以达到20%甚至更高，那我们关于植物为何如此低效的疑问仍然没有得到彻底的解答。

　　下一个来自实验科学的启示则是植物的效率取决于光的强度。当我们用十分微弱的光，比如说清晨或者傍晚的黯淡光线，来照射实验室里装有植物的器皿，植物的工作表现简直令人吃惊的好。如果要对它们利用此类微弱光源时的效率进行计算的话，我们会发现它们的效率能达到20%甚至更高。这种效率与蒸汽机、汽车引擎的效率相比，也丝毫不落下风，特别是当我们考虑到在植物进行种种活动时，其维护、保养都是由它自己来负责的，而蒸汽机、汽车引擎则要由他人制造并照看。

　　因此，我们知道，在微弱的光线下，植物的效率基本与人造机械相当。当然，在微弱的光线下，它们也称不上高产，因为此时它们能够获得的总能量就非常少。非常少的20%甚至更少，微弱的光线意味着产糖量的低下。可即使是在微弱的光线下，植物仍然会以可以容忍的效率利用它们所能利用的能量。那么，为什么当光线充足、产糖潜力巨大的时候，它们却没有维持如此高的效率呢？ ◀39

　　随着照射植物培养皿的光线越来越强，植物产糖的速率也随之增长。这一点我们是可以预见的。与此同时，其效率会逐步下降，直至趋于平稳，但并非稳定在2%或4%，而是稳定在8%。哪怕光合作用的速率达到最高，产糖的速率达到最高，其效率依然为约8%。最佳光照量提供了实验器皿中的植物所能获得的流向生物的最大能量流。如果给予植物比这再多的光照，那么它们的效率和产能都会下降，甚至到某一时刻，整个生产过程都会完全停止。太过强烈的光照会使植物的生命活动完全停止，这一现象本身并不让人觉得惊讶。此时，植物大概正在被烹饪。为什么在采用最佳亮度的光线时，植物的效率仍然如此低下，我们必须为这个疑问找到一个解释。

到了研究的这一阶段，我们最初的问题不仅没有得到解决，反而变得更复杂了。我们一开始问：为什么作物和植被在处理上天赐予它们的阳光时会如此低效？我们依然没有找到答案。但起码我们已经证明：植物处理微弱光线要比它们处理正午阳光更加高效，实验室培养器皿内的藻类培养物在明亮阳光下的效率可以达到农作物的两倍（8%对2%或4%，取决于实验照射的波长）。为什么所有植物在强光下都相对低效？为什么所有植物在弱光下都相对高效？为什么实验室培养器皿内藻类培养物的效率是野生植物的两倍？最后一个问题是最简单的，所以我们先从它入手。

一位藻类学家曾凭借藻类的实验室数据来讥讽他的同行并煽动公众。看啊！这些植物的效率达到了8%——远高于玉米和我们所吃的其他植物！种植这些低效的植物简直蠢透了，我们完全可以依靠绿藻渣来长肉！这一论点反复出现在有关世界粮食危机的报纸文章中。此种谬见就和霸王龙捕猎迅猛龙为食的谬见一样荒唐，是几乎不可能被根除的。但它仍然是谬见。藻类并没有比其他植物更高产。

现在我们知道，任何健康的幼小植株（包括生长在充分灌溉并具备充足肥料的土地上的玉米）都和培养器皿中的藻类（或者任何其他植物）表现得一样好，其效率基本上能达到8%。生长在土地里的植株的特殊之处在于，它们会衰老。植物在衰老时，会感受到自己年龄的增长并且不再会高效地工作。所以，它一生中的平均效率要远低于年幼时的8%。 ◀41

　　在实验的一百天期限开始的时候，特兰索没有在伊利诺伊州的那亩土地上种植任何植物，因此也不存在任何生产。等到实验的一百天结束的时候，那亩地里只剩下一万株年老的、效率不是很高的个体。在中间的某个节点上，土地会被鲜嫩的绿叶所覆盖，此时植株的效率可达到8%。整个一百天的周期平均值势必包含开始时和结束时的情况，平均效率也就因此降至2%。生长在温带地区的野生植被面对着同样严酷的现实：一个没有绿叶的春天和一个多姿多彩却缺少一抹绿色的秋天。

　　关于藻类培养物更高效的庞大骗局很大程度上可归结于一种偶发情况，那就是生物学家选取淡水藻类作为他们的实验对象。实验室培养并非生产食物的绝佳方式（就算我们真的想吃那些绿色的浮渣），因为和传统的作物栽培相比，培养需要消耗大量的功和能。若将这些能量投入也纳入效率计算，我们就会发现最终得到的效率将大幅下降。藻类不会比其他任何一种植物更高效。所以，我们的第三个问题的答案就是，农作物和野生植被的效率"在总体上"低于实验室培养植物成长中的幼苗是由客观的生命变化、春季空空如也的土地、比冬季来得更早的自体衰老、水和营养的短缺以及使植物不堪其扰的邻居的存在导致的。

　　由此，我们必须解开下一个谜团：弱光下的效率问题，以及为什么备受关照的幼小植株的效率也没有超过8%。通过考量植物在光合作用的基本化学反应中所使用的原料供应，我们就可以为这两个问题找到答案。植物利用二氧化碳和水制造糖。我们都知道，在水短缺的时候，植物会长得很差。一旦水充足，那么对于植物来说，它几乎是可以无限量制造糖的。可另一种原料——二氧化碳则是永远稀缺的，哪怕它始终存在于大气中。

二氧化碳是一种稀有气体。它在大气中占比极小，平均浓度约为 0.03%（以体积计）。二氧化碳是植物制造糖的必需原料。植物的叶片很薄且表面排列着许许多多微小的呼吸孔（气孔）。如果植物想让自己的制糖工厂持续运转，它们就必须尽可能地从各个方向吸入二氧化碳。即便如此，它们吸收这种稀有气体的速率也极为有限。因此，我们可以提出一个貌似合理的假设：哪怕植物生长在最为有利的位置，正是二氧化碳的短缺为植物的产糖能力设置了限制。植物在转换阳光方面和机器一样低效，是因为它们面临原材料的短缺。

当一株植物在微弱的光线下生长时，它的能量工厂无法快速地运转，这是缺乏光"燃料"的直接后果。在微弱的光线下，二氧化碳是富余的，只有热带动力学和植物化学方面的因素会抑制光合作用的速率，植物在这种情况下会变得较为高效。但是，一旦这些植物被给予更多的光，它们对二氧化碳的需求就会迅速增长，直到不久之后，它们吸收二氧化碳的速度就和二氧化碳从空气中被提取出来的速度一样快。此时，植物会以其能量工厂所能够达到的最大运转速度来进行工作。此时，它们的效率约为 8%。但哪怕它们现在被给予更多燃料（比如用正午时的阳光照射它

们），它们也只能浪费掉这些多余的燃料，将其降级为热并任其
流逝。

◀43

我们可以将额外的二氧化碳注入培养器皿，然后看看会发生
什么，以此检验二氧化碳限制植物产能的假设。如果我们这么做，
那么植物的产糖速率将会提高，强光下能量转换速率也会轻微提
升；如果我们给予植物过多的二氧化碳，就会使它们窒息，但是
这种现象不会妨碍到我们。植物是在一个二氧化碳较为稀缺的世
界里不断演化的，因此它们体内的化学机制早已适应了这种情况。
无论如何，上述实验都清晰地证明了产糖量与二氧化碳供给的相
关性。

对于这一结果是否普适于所有植物，为了保险起见，我还有
几句话需要补充。二氧化碳资源的稀缺会限制产糖速率的逻辑是
没有问题的，实验数据也有力地证明了我们正走在正确的路线上。
但是，二氧化碳短缺所导致的后果中，有一些是非常复杂的，甚
至可能还会对光合作用施加一个二级限制。植物必须"抽吸"大
量气体以提取碳，而这种抽吸本身就可能引发某种抑制效应。植
物组织被空气流中的氧气浸透，会引发氧化和还原等化学反应。
打开气孔也势必导致水分的流失。诸如此类的所有能够提升植物
工厂产量的措施本身都自设了某种限制，故而我们可以预见，当
植物演化到能够在不同环境中以最大限度利用二氧化碳供应时，
很多新的限制又将出现。这种可能性已经反映在许多现代植物化
学合成的替代"途径"的相关讨论中。尽管有些小心翼翼，我们
仍然可以断言，植物在转换能量方面总体上是低效的，因为二氧

44 ▶ 化碳在地球大气中是一种珍稀气体。

这一发现对于业内人员来说意义重大，因为它意味着人类粮食种植的潜力受着极为明确的限制。我们的极限产量由空气中的二氧化碳含量所决定，我们没有任何办法让植物做得更好。无论那些参与绿色革命的科学家是如何造势，所谓的高产小麦和其他高产作物品种本质上也没有比被它们取代的野生植物更加高效。农业科学家所做的一切都是为了让植物将它们生产的糖更多分配到人类喜欢吃的部位。为了结出更多谷粒，高产小麦牺牲了它的茎、根以及用于抵御害虫和杂草的能量。无论运用多么精巧的科学手段，我们都无法让植物效率比大自然创造的机制高出分毫。

对于一个沉思生命的宏大谜团的生物学家来说，植物的低效还传达了另一层寓意。一切生命的能量供应都会受到限制，它只会获得来自太阳的能量的一小部分。理论上的上限为8%，但这个数值只能在非常短的时间段中在非常小的区域内达成。所有植物都会经历年轻与衰老，并且几乎都会经历季节变迁。所有植物都会偶尔过上缺乏水或营养的苦日子，没有一株植物能长久地以满功率工作。当我们纵观地球生命的普遍生存环境时，我们会想起沙漠、山坡、极地冰盖还有丰饶的泛滥平原。地球的平均产能肯定很低，势必远低于特兰索玉米地的产能，也就是1.6%。也许在辐射向地球的太阳能中，只有1%能够真正为生物所用，它会成为植物的燃料以及动物的食物。

当我们试着对动植物的数量和种类进行解释时，我们必须牢

45 ▶ 记燃料供应方面所存在的这一巨大限制。比如，植食动物只能从

它们所食用的植物那里获得很少一部分植物制造的糖。这个数字很难进行测量，但是专业人士普遍认同了约10％的估计值。因此，我们认为，在草木丰美的牧场上，植食动物会得到10％的2％的太阳能。猎食这些植食动物的老虎在理论上可以得到10％的10％的2％的太阳能。我们可以沿食物链再向上据此类推。

随后，我们就要谈到地球上不同种类动植物的数量是如何由空气中的二氧化碳含量所决定的命题了。二氧化碳决定了植物的生产效率，因此它是一切动物的食物供给的终极决定因素。如果地球表面存在更多的二氧化碳，那么植物就可以提供更多的食物以及更多给更大型动物生存的机会。此时，我们甚至可能会拥有以老虎为猎物的恐龙，矫健的霸王龙便不再是什么虚幻的构想。然而，地球表面的化学过程让二氧化碳的浓度始终保持在较低的水平，其中的机制远不是动植物可以改变的。因此，在回答许多关于动物数量以及植物低效的常见问题时，我们的答案都是"因为大气中的二氧化碳十分稀少"。

◀46

第五章

树木的民族国家

在十八和十九世纪，四处游历的博物学家将一个令人震惊的消息带回他们位于欧洲的大学：地球上的植物根据大陆和地貌组织成类似于民族国家的体系。植物群系广泛分布在辽阔的地块上，它们的成员全都呈现相同的造型。从表面上看，这完全是不必要的。当然，博物学家们知道，植物具有许多种容易被辨认出来的造型，比如：有的树会呈圆锥形，有的则会长出圆形的树冠；有的草本植物会零零散散地生长，有的则会聚集在一起。然而，这些个体会组成一个植物的民族国家的观点可谓闻所未闻。这一观点引发了有关地球生命特质的有趣思考，我们如今依然能听到它们的回响。

乘坐帆船缓慢环游世界的博物学家通常出身自农村。农村的野外被落叶林所占领，此类树林对于生活在北大西洋沿岸地区的人来说并不陌生，它显然代表着一度覆盖所有农田的野生森林。这些林地里主要生长着枝繁叶茂的树木，在夏天，它们的树枝会形成一个空中遮篷；到了冬天，它们则会失去所有的树叶。它们下方的森林地表则都是零星的灌木丛、少量的匍匐植物以及被落叶染成棕色但每到春天仍会绽放出无数填补茂密绿叶下空地的芬芳花朵。这种林地为我们所熟悉，我们能轻易描绘出它的样子。花卉和树木的名称可能因地而异，但是在欧洲大部分地区，这些树林的样子和它们给人的感受都是相同的。当我们的旅行者航行到赤道地区，他会发现那里的植物种类出现了奇怪的变化。

以欧洲树木的标准来看，长在赤道附近低地地区的树木异常高大。在我还是个年轻人的时候，我曾认为耸立于剑桥大学国王学院礼拜堂门前的七叶树是一棵宏伟的大树。但之后当我在尼日利亚的雨林里漫步时，也不免认识到，那株高大的七叶树在尼日利亚的森林里只能算个小矮子。然而，来自欧洲的旅行者甚至还看到了比这种令人心生畏惧的巨大尺寸更加古怪的现象。赤道附近地区的丛林永远都是绿色的。在最高的树木下方，是比它们稍矮一些的树木；在这些树木之下，又是一些更矮的树木，而它们的个头依然足够高。层层叠叠的树叶遮天蔽日，只有些许微弱的被染成绿色的光线能够穿过它们，所以非洲旅行家斯坦利才会觉得自己仿佛置身于大教堂中，透过绿色花窗玻璃的光照耀在伫立着的由树干构成的哥特式立柱上。兰花和凤梨科植物利用它们长满苔藓的根抓住树木的主干，悬吊在上方的藤本植物构成了一种怪异的网，空气中则充斥着陌生的声响。

　　当旅行者向北行进至斯堪的纳维亚地区、俄罗斯或者加拿大，他会发现这里被一排排森然伫立的圆锥形深绿色针叶树所缔造的植物国度统治。继续向北行进，他通常会极其突然地遇见一片没有树木生长的地带。开阔的苔原在他周围绵延，有时候苔原上会开出鲜艳的花朵，有时候甚至会长出大量的浆果，但是在这片土地上永远不会出现树木。

　　他同样会造访一些草原，比如从密苏里河绵延至落基山脉或横跨阿根廷一路延伸到安第斯山脉的长着高高的、随风飘动的青草的开阔平原。非洲拥有和欧洲森林王国一般大的大草原。草原上，干草在平顶的金合欢树之间沙沙作响。而生长在灌木丛（比如地中海地区的马基群落、美国加利福尼亚州的查帕拉尔群落或是澳大利亚某些石楠丛生的荒野）中的奇异物种与法国南部的类似灌木具有同样的形态。

　　这些庞大的植物群系看上去如此迥异，让旅行者终身难忘——奇异的植物国度各自统治着独属于自己的地盘。实际上，我们可以绘制出植物群系的地图。这项工作大体上还是比较容易的：位于亚马孙河河口和秘鲁群山之间的是热带雨林，坐落在密西西比河沿岸与西部山脉之间的是草原，欧洲落叶林则一路从黑海向西延伸到比利牛斯山脉。这张地图可能会遵循天然的等高线来制作。又或许，植物可能会自行设置坐标，比如北极林木线，该处森林的边缘清晰可见，很多人都对此有过文字记录。而对于数据较为缺乏的南亚地区，关于那里植物群系的报告非常让人迷惑，此时应尽可能将分界线画得清晰。

　　由此得到的世界地图表明，地球上的所有植物都集结成了几大部分，也就是我们所谓的"群系"。它们按照民族国家的样子组织在了一起，其中的个体都遵从着某种共同规划，仿佛有一只全能的手将它们置于此处。一旦我们接受了这都是造物主的手笔的观点，那么一切都没有问题。造物主多半知道自己在做什么。可是，如果所有这些单个的植物物种都是由以随机的多样性起作用的自然选择所塑造的话，那么我们就有一些问题需要解释了。为什么不同的植物群系会像处于战争中的国家那样在彼此的边境处虎视眈眈呢？◀49

　　在达尔文正创作《物种起源》的时候，一位法国植物学家就将思考这些问题作为其一生的伟大事业的副业。他就是阿方斯·德堪多（Alphonse de Candolle），一位分类学家以及草药植物学家。他很少游历，却拥有整个巴黎的所有世界上已知植物物种收藏供其使用。利用这些材料，他试着对所有科学界已知的植物物种进行描述并最终发表在他的著作《初编》（*Prodromus*）中。这也是人类最近一次在这方面的尝试。在德堪多对植物物种进行描述的时候，他开始明确地注意到它们组成群系的奇异方式，并且他明白这一现象是有待于解释的。气候上的某些因素似乎是一个显而易见的答案。缺水作为地理上的偶然情况确实能够解释沙漠群系也许还有草地群系的形成，但是我们还需要找出其他的原因来解释其他的情况。

　　德堪多认为答案潜藏在另一个容易测量的天气参数——温度中。他甚至声称：在一年中的某些特定时间里，交界地带的热度模式势必会发生某些重大变化，正是这些变化导致群系间出现种种不同。他甚至猜测等温线会和群系边界有所重叠。在十九世纪五十年代，对全世界的气候状况进行观测是难以实现的，因此德堪多没有机会绘制出切实的气象图。但是我们得以运用现代的气候记录在实验室内绘制了德堪多的等温线，由此得到的地图与世界的原始植被分布图很相似。

德堪多围绕该课题所著就的文章激发了第一批气象学家的思考，那时他们刚刚开始对全世界的气候进行观测。就和所有科学一样，他们的首要任务是划定哪些现象属于本学科研究的范畴，而且他们确定必须绘制一张天气地图。可要如何绘制一张气象地图呢？不是每个国家都拥有气象站，轨道上还没有人造卫星，而峰面一直处于无尽的动乱中……气象学家的答案就是接受德堪多的结论，即为植物国度设立边界的是天气。他们于是编制出植物的地图并称之为"气象图"。

那个时期最有名的气候学家是来自维也纳的弗拉迪米尔·克彭（Vladimir Köppen），他不仅认同德堪多的结论、使用以其结论制作的地图，还认为植物学家所识别出的五种主要群系代表五种主要气候类型。热带雨林、沙漠、温带落叶林、长满圣诞树的北方针叶林以及苔原分别对应着 A、B、C、D、E 五种气候类型。像马基群落和查帕拉尔群落这样较小规模的植物群系则对应这几种主要气候类型的亚型。所有的气候分布图——甚至是我们如今使用的那些——都反映了克彭及其同事最初的判断。

所有当代出版的地图集都会在其中包含一张世界气候分布图，

一般置于世界植被分布图的旁边，还会印着德堪多和弗拉迪米尔·克彭的彩色剪影。雨林、苔原以及被圆锥形树木占据的地域被列在一张地图上，而 A、B、C、D、E 五种气候类型则在另一张地图上。两者相互吻合，因为它们实际上是同一张地图。

　　翻到下一页，你将第三次遇见同一张地图，但是这张地图名叫土壤分布图。当我们从世界的一个地方移动到另一个地方，我们脚下的土壤也天差地别。这不仅仅关乎发生在石头上的微妙化学反应，也并非只有那些了解耕地、排水以及肥料的人才能发现这种现象。一个地方的土壤显然和另一个地方的不一样，就像松树不同于橡树。

◀51

　　在潮湿的热带地区挖一个坑，我们会发现坑壁是红色的；而在中欧挖这个坑，里面则会是棕色的。在俄罗斯或加拿大南部广阔的针叶林中，坑壁上则会出现一道颜色特别的条纹。北方针叶林的地表上堆积着散发香气的针叶和黑色的腐殖质，但是在地表约 6 英寸（12.54 厘米）之下则有一条宽宽的闪着微光的白色或灰色土壤带。再向下深入，我们将看到棕褐色的土壤。俄罗斯的农民长期和这种土壤打交道，他们深知其不利于耕种的特质。他们称这种土壤为灰土（灰化土），因为在他们翻动它时，地面看上去就好像被灰尘蒙盖了一样。不需要任何科学知识我们也知道，这种带着奇怪条纹的土壤和偏南方地区的褐土和红土截然不同。来到林木线的北侧，带条纹的土壤已经被我们抛在身后，在我们铁铲下的是包裹着薄薄一层湿漉漉腐殖质的硬邦邦的冰块，这就是冻原土。

就和研究天气的人一样，要想了解这些奇特的土壤，土壤研究者首先需要做的就是为它们绘制分布图。绘制一张土壤分布图几乎和绘制一张气候分布图一样令人望而生畏。确实，土壤不会像天气那样因来回移动而为绘制工作增加难度，但是它们被各种残渣和植物所覆盖，故而不能被肉眼直接观察到。除非我们在上面挖个洞，可挖掘需要时间。因此，我们应当挖尽可能少的洞并利用土地的总体外观以及生长在上面的植物来指导我们完成不同洞坑之间分布图的绘制。

52 ▶ 我一直在加拿大新不伦瑞克省北部风景秀丽的野外从事土壤分布图绘制的工作。我们利用航空摄影提供指引，透过立体镜一对一对地自行观察拍摄到的图片，从而找出具有细微不同的森林之间的分界线。随后，我们根据森林照片的提示去挖洞，并在照片上标注树木分界线周围的土壤类型。我们制作了植物的分布图，并称之为土壤分布图。

在新不伦瑞克的森林里，我们仔细观察不同土壤所呈现出的微小细节。有些细节真的非常不显眼，只有经过长时间的观察后才得以发现。我们观察的所有土壤都是灰化土，其上方都长有针叶树。我们对不同种类的灰化土进行了辨别，世界土壤分布图的制作者们也采用了这种方法。他们绘制植物的分布图却称之为土壤分布图。因此，我们会毫不意外地发现，地图集里的世界土壤分布图和植被分布图看上去极为相似，而它们看上去又很像气候分布图。这三种分布图本质上就是同一张地图。

气象学家和土壤研究人员能用这些地图"蒙混"这么长时间，

纯粹是因为这些地图是准确的。如果我们前往地图册中某个用颜色标出的地块的中心地带，我们会发现当地的土壤和气候一般来说和地图册里的说明是一致的。因此，地图绘制所依据的假设是一个合理的假设：是气候决定了土壤以及生活在其上的树木国度的状况。

　　气候决定植被的观点并非那么难以接受。事实上，在对这一现象的认识上，农民要远超前于科学家。然而，几乎同样显而易见的是，土壤的状况又为天气和植物所左右。比如，奇怪的灰化土只能在那些冬天很寒冷、夏天不太热且长着锥形植被的地方找到。这些地方的土地通常会被掉落的针叶所覆盖，它们会以非常慢的速度腐烂，而整个过程所产生的酸会溶于土壤中的水，从而使土地的整个表层部分呈酸性。蚯蚓之类的生物无法在这种酸性土壤中生存，因此这些土壤不会经历任何翻动。这些土壤会一直保持原样，矿物碎片摞着矿物碎片，纹丝不动，年复一年。冰冷的酸水不断渗透、冲刷，进而引起一种微妙的化学反应，使得最上面的几寸土壤被漂白成了灰尘的颜色。在天气较为温暖、没有针叶林能给地面铺上一层会慢慢腐烂的针叶的地方，土壤不会具有那么强的酸性，蚯蚓也可以在其中生活并不断翻动它，于是我们就会得到西方农民非常熟悉的棕色土壤。在热带地区，瓢泼而下的温暖雨水引发了更为强烈的化学反应，这一过程从远古时代便已开始，一年到头无休无止。经过这样的化学反应，留存下来的便只有混合着不溶于水的红色铁以及铝氧化物的黏土，于是我们得到了所有曾在炎热地区游历的旅人都不陌生的红泥。

◀53

我们的地球被各式气候所拼接成的"百纳被"所包裹，而植物和土壤则忠实地反映了拼接的样式。这似乎已经是一个足够保险的说法了，但是它仍然为我们留下了一些悬而未决的谜题。如果决定样式的是气候，为什么不同地区会呈现如此显著的不同呢？云杉林和橡树林之间的不同已经足够令人惊奇了，但无论是云杉林还是橡树林，它们与没有树木的苔原之间的差异只会更大。为什么不同地区的状况会呈现如此强烈的对比呢？为什么每个地方的所有植物都呈现大致相同的样式，哪怕它们在进化意义上的祖先可能并不相同？而在不同的地区，这种样式可能会以惊人的速度发生递变。在向北驾车约一个小时穿越康涅狄格州进入加拿大南部的过程中，车窗外飞驰而过的残影将从旧英格兰地区常见的阔叶林转为一排排会在瑞典见到的针叶树。为什么会出现如此陡变呢？为什么地球上的植物会在气候对其个体而言最适宜的地方集中生长呢？是否存在某只看不见的手、某种生命准则指引着植物形成一个个类似于人类民族国家的群系？自植物学家编制出第一张世界植物分布图起，我们就在思索这一谜题。

在过去几十年里，身为科学家可享受的一项特权就是能够在问题出现的第一时间就留意到它。就比如说植物形状和分布样式的问题。为什么生长在热带或寒冷的加拿大和瑞典等地的树木能够一年到头保有自己的树叶，而生活在中间地带的树木则会在冬天失去树叶？为什么沙漠植物会长成风琴管的形状？为什么没有树木生长在北极地区？显然，是气候设计出了种种植物分布的样式，那么天气又是如何创造出种种奇异的设计并保证其成为一个

54 ▶

地区的潮流的呢？植物学家花了一百年的时间来尝试解答这些问题，但他们并没有找到令人信服的答案。现在，我们终于知道这些问题的答案了。

我们第一个要考虑的问题是为什么北极不长树。仅仅用"啊，因为那里的环境对于树木来说过于恶劣了"来解释是远远不够的，鉴于北极地区生长着大量会开出脆弱花朵的多汁苔藓，而脆弱的东西显然无法在恶劣的环境下幸存。使用"恶劣"这样的词语的人很有可能会被提问这个词究竟是什么意思。企图用一棵树多年以来的生存经历来解释什么是"恶劣"并不能帮助我们理解为什么树木无法在北极地区生存。也许是因为风太大了？但是这里的某些地方并没有比其他偏南地区的风更大，却仍然没有树木在北极的地表生长。我们也不好说是因为这里的冬天极度寒冷，毕竟在白令海中的普里比洛夫群岛上，虽然冬天较为温和，但仍然没有树木生长，可别的地方的森林能够经受住气温低至−30 ℃的冬天。永久冻土并不会彻底抑制树木的生长，因为在育空地区的村庄里，森林就生长在永冻层之上。北极的环境对树木而言过于恶劣并不是一个多么说得通的解释。

◀55

植物生理学家已经提出，生长期过短可能是这个问题的一部分答案。极地植物能够得到的利用太阳能制造糖的机会非常有限。北极的植物始终处在给养不足的状态下，这意味着它们必须小心分配它们的食物卡路里。树木有一副庞大的身躯需要供养，而且是一副由木头躯干和肢端组成的低产的、寄生式的身躯。相比于植物在北极的夏天能够获取的卡路里，代价未免也太过昂贵。毫无疑问，这在一定程度上能够解释为什么北极没有树木，但是它并不能完全使人信服。北极地区生活着包括爬地柳在内的木本灌木，这些灌木可能具有大量在地面上蜿蜒匍匐的木茎。如果植物能够供养得起水平的茎秆，那么为什么垂直的就不行呢？

关于该问题的可信解释是由大卫·盖茨（David Gates）在其著作中提出的，这位曾经的物理学家"变节"成了一所植物园的园长。盖茨将植物还有动物比作一个个能够平衡自身热量收支的机械装置。在白天，植物会完全展露在太阳之下，既无法躲藏，也无法得到遮蔽。它一整天都在吸收热量。如果它失去热量的速度赶不上它获取的速度，那么它将升温，被烤熟，然后死掉。植物会通过加热周围空气、蒸发水分以及向大气层或太空中冰冷的黑体发出辐射来摆脱它们得到的热量。植物选择多高的工作温度，取决于其吸收热量和摆脱热量的速率。植物必须具备在生命过程可以耐受的温度下平衡其热量收支的能力。

北极苔原上的植物会紧贴着地面，安身在地面附近薄薄的一层静止空气中，其上一两寸便是北极的凛凛寒风。所有苔原植物都会从太阳获得热量，进而升温，也许它们还会向太空辐射热量作为平衡热量收支的主要方式，但与此同时，它们还会加热被困在它们周身的静止空气层。它们会和地面贴得相当紧密，故而能够平衡自己的热量收支。但是，若要像树木一样向上伸展，它们将不得不任由自己的工作部件，也就是它们的叶子，暴露在呼啸而过的北极寒风中。因此，它们有很大概率不能从太阳那里吸收足够多的热量来避免被冻至临界温度以下。如果你在北极地区站得太高的话，那么你将很难平衡自己的热量收支。这就是盖茨对北极为什么没有树木生长的解释。这个解释基本上是正确的。

　　盖茨对于热量收支的思考同样帮助解释了为什么有些植物群系会呈现其他植物的一些特征形态。沙漠植物和北极植物所面临的难题恰恰相反，沙漠植物时刻处于过热的危险之中。由于缺水，它们不能通过蒸发来给自己降温。解决这一难题的方法之一就是把身体长成我们所熟悉的高高的、长棍一样的形状，仿若直指太阳的一根旗杆。这种形状能够使植物暴露于阳光辐射的表面尽可能最小而避开太阳、能够向外辐射热量的表面尽可能最大。

　　雨林里的树木则不必忧心太阳，因为它们拥有充足的水来运行自己的冷却系统，从而能够让自己脆弱扁平的叶片终年面向太阳。对于中纬度地区，在夏天，当气候条件类似于热带的时候，扁平的叶片可以高效地工作，但到了寒冷的冬天，这种设计会遭遇一系列重大的困难。扁平的阔叶意味着其暴露于宇宙黑体的表面积较大，由此带来的辐射损失也倾向于较高，但相对而言，对流冷却仍然是一个更为严重的问题。盖茨曾将叶片模型放置于风洞中对此进行模拟。

　　盖茨的叶片模型以银打造，让他能够直接测量模型在暴露于 ◀57 不同速度和温度的风中时的热量损失。事实证明，扁平的阔叶并不适合接受冷风的吹拂，冷风引起的湍流会很快带走叶片的热量。这意味着在冬日阳光下的阔叶无法维持适合的工作温度。因此，对于树木而言，一个显然更明智的选择就是在秋天从叶片回收尽可能多的卡路里，丢弃掉已经被抽干的空壳，等着在春天长出全新的一套能量转换器。

　　继续向北，由于作为生长季节的夏天较为凉爽和短暂，这一策略开始变得不那么划算。植物采用的解决办法是长出一丛丛聚集在一起的圆柱形针状叶，也就是常绿针叶树的那种针叶。在风洞中，针叶模型流失热量的速度要慢于阔叶模型，因为空气在针叶间的流动较为顺畅。此外，由于这些针叶的断面呈圆形，它们会向各个方向辐射热量，包括其植物邻居相对温暖的叶表、地面以及冰冷的外太空。因此，相较于橡树，云杉会以更慢的速度失去热量。云杉可以在整个冬天都保有自己的针叶，随时准备利用短暂而温暖的晴朗天气。在这种天气下，它能够将自身温度维持在一个比较高的水平以保证其能量转换器的正常运行，进而生产可观的糖卡路里。尽管云杉在晴朗的夏日里不会向橡树那样高效地工作，可它的策略也许能带给它更高的总体收益，让它能够终年屹立于高纬度地带。

　　于是，我们已然掌握了一套有效的模型，该模型成功地将植物群系的形态与空气温度、水资源的可利用程度以及季节差异的存在与否联系在一起。我们知道了气候如何决定植物的形态，事实也已充分证明植物学家德堪多和气候学家克彭所得出结论是正确的。

　　现在，让我们回到植物国度的交界处。如我们在地图中所见，某一种植物形态能够在横跨整个大陆的空间内流行，而同时流行的植物形态样式会十分突然地从一种变换为另一种，这是为什么呢？答案很简单：因为天气发生了变化。然而，天气是一个非常易变的因素，伴随季节的更迭，它会在整片大陆上呈现一种反复摇摆的状态。所以，为什么植物群系会有如此明确的边界呢？按常理说，任何由天气决定的模式都应当存在彼此交杂的情况，所以是否还存在某种"幕后黑手"在暗地里默默地操控着这一切呢？

当我们冷静下来好好想想世界植被分布图究竟是怎么绘制出来的，这张地图曾带给我们的一些激动人心的联想将变得有些黯然失色。绘图过程中的一大失误就是大规模的简化。在绘制植被分布图时，我们利用山脉以及海岸等自然特征来指引我们的双手画出群系之间的边界线，但是这样会让我们忽略这些自然特征附近植被的一些不易察觉的变化。在没有地理边界可循的情况下，我们会尽可能地把植物的分界线画得准确，也意味着我们可以任意决定它。地图制作者大多会根据惯例来确定植物群系之间的国境线，他们会在混合植物群落变化急剧的区域内选择方便的位置来画下分界线。地图上的分界线代表着该地区植物群系出现了交错的情况。

可是，北极林木线又是怎么回事呢？还有，为什么在美国的新英格兰地区和加拿大，落叶林会如此突兀地转变为针叶林呢？在这种开阔的内陆空间中，不存在任何地理上的分界线能够将不同树木和苔原隔开，这里的天气会随季节反复变化。尽管如此，森林的边缘对我们依然清晰可见，植物是怎么做到这一点的呢？

林木线听上去乍似一条十分突兀的边界线，但是在加拿大或西伯利亚这样辽阔的地域上，树木在接近森林边缘的几英里处就会开始全线缩水——它们会变得越来越矮小，其分布也变得越来

◀59

越稀疏。森林和苔原总会在交界处彼此交错，矮小的树木会沿着溪流和河谷生长，而树枝一般分叉的溪流会一路深入没有树木生长的平原的中心。如果以英里作为比例尺的话，那么林木线确实可以成为十分清晰明确的边界。在林木线的北边，没有树木能够平衡好它的热量收支，而在林木线的南边，有些矮小的树木则能够做到。为什么一到林木线，环境就突然开始变得"舒适"，贫瘠的北极地区一下子便跨越为更加宜人的丛林地带？树木是怎么知道该在哪里止步的？当然，我们现在已经知道了这些有趣问题的答案，而它们中有很多都是由威斯康星州的气候学家里德·布莱森（Reid Bryson）最近发表的著作解答的。

布莱森绘制了北极地区的气候分布图。他不像早先的气候学家那样先绘制出植物分布图并称之为气候分布图，相反，他并没有理会植物的情况，而是直接绘制出了气候的分布图。他在设立于美国北极圈内领土各处的气象站点进行了连续十年的数据测量，测量了空气的温度、风速以及气团轨迹。布莱森的电脑利用这些数据生成了夏天时北极气团峰面的平均位置图。当然，该峰面会随着年份和季节的变化而在一个较大的范围内移动。根据电脑的模拟，气团峰面在夏天的平均所在位置与植物学家先前绘制的林木线位置惊人的吻合。这一结果直接证明了气团和植被之间具有同步性，而布莱森的分布图的贡献不止于此，因为它还帮我们理解了为什么林木线会处于它现在所在的位置上。树木具有较长的寿命，因此森林只能一代一代地以很慢的速度来移动。我们可以假设林木线就以这样缓慢的节奏不断变化，只不过相较于人类的寿命，这种变化缓慢到我们难以察觉。峰面则移动得较为迅速，而它的平均位置至关重要，因为平均而言，生长在北方极寒之地的树木常常会遭受灭顶之灾，而生长在南方温暖地区的树木一般能够幸存。所以，尽管峰面在长时间内都会不停移动，森林还是识别出了较为清晰的气候边界线。

布莱森的气团分布图同样解释了为什么加拿大针叶林南部的边界线会如此齐整。在冬天，北极空气通常一路扩张至此；在夏天，北极空气则会向极点回缩，而其峰面的位置决定了森林最多能向北延伸的位置。在冬天，北极空气会一路南下，将寒意带向加拿大的边境地区。针叶树能够忍受这种寒冷，它们会"抖落"身上的雪花，尽可能汲取冬日阳光的热量，耐心等待着春天的到来。到那时，北极空气将会撤离，而它们也将全力进行生产。落叶阔叶林所采取的策略并不能应对这样的严寒，或者说它们不能适应仅短短一个夏季的无霜期。所以在冬天，尽管北极空气的南缘是一处较为模糊、不太固定的边线，树木仍能读出它的平均位置。然而，它们无法那么准确地读出这一边界的所在位置，就像在夏天边界线更靠近北极侧时那样，也许因为它是冬天时的边界线，而那时树木恰好都在休眠。举个例子，在大湖区，北极锋面在生长季节会一直逗留在非常靠北的区域内，它会在林木线处反复徘徊，而中美洲的北方针叶林和落叶林则会在几百英里的范围内交织在一起。植物学家确实认可了过渡区域的存在，而地图绘制者们为此下笔画线的位置和布莱森所标示出的冬季北极空气锋面所在位置大致吻合。一般来说，在这条线的北边，常绿针叶林

◀61

所采取的策略会比较奏效；而在这条线的南边，长出宽宽的、高效的树叶并在冬天舍弃它们才是最佳策略。于是，针叶林长在了这条线的北侧，而落叶林长在了南侧，它们中间则有长达上百英里的过渡地带。

由此看来，让树木形成一个个民族国家的正是天气。生活在相同气候下的植物在进化过程中都采用了同一种形态，因为该种形态能够最好地协调对生产效率的需要、对水源的利用以及热量收支的平衡。在气候分界线像北极锋面边界一样清晰明显的地带，该处的植物群系之间势必也存在同样清晰的分界线。当地质过程在相似的植物和气候中间设立起屏障（比如一座高山或者一片海洋）的时候，也会发生这种情况。但是，在不存在自然分界线的情况下，若气候不像北极地区那样每年都有规律地来来回回，那么此处的植被势必会在大面积内出现形态和种类交杂的情况，而地图绘制者必须自行画出一条线来完成我们手中的地图集中那些图样整齐的图片。

树木的民族国家背后的谜团已经被全部揭开。唯一的幕后操纵者就是天气，而其中大部分边境线的划定者其实是人类制图师。

第六章

植物的社会生活

就在树木的民族国家被发现之后不久，一个新的学科——植物社会学便诞生了。

植物在种群中长大，它们以复杂的方式共同成长。每种植物都有邻居，它们必须和自己的近邻达成某种和解，否则所有植物都无法存活。每种植物显然都是在有其他种植物存在的情况下抚育自己的后代，或者至少某种植物个体会和它的其他同类一起长大，与它们共享生存的空间。植物在种群中生存的情况似乎并不能算作偶发事件，因为这种生命模式一而再、再而三地出现在我们眼前。此时，我们所见到的仿佛是某种社会化的运转——植物的社会生活。

位于温带地区的森林主要由一到两种树木构成，它们的数量占绝对优势。毫不夸张地说，这一两种树木主宰了这片森林。其他种类的树木也会生活在这里，不过它们大都较为罕见。这里同样可能生长着大量其他种类的植物，如匍匐植物、灌木乃至春天的花朵。这样的森林不就是一个由一两种精英树种领导的植物社会吗？

位于英国南部的任意一片橡树林都与英国其他地区的任意橡树林拥有众多相似之处：橡树都占据着森林里的统治地位，树木脚下都生长着包括角树在内的我们熟悉的各类灌木，甚至春天时盛开的花朵都极有可能是同一种。在我们的印象里，这些树林就是一个个由橡树主导的社会组织。同理，挪威的任意一片云杉林也与位于挪威其他地区的任意云杉林非常相似，它们都是由云杉树主导的物种间社会组织。美国中西部地区肥沃的耕地边剩余的林地基本上都被山毛榉和糖槭所"统治"，尽管仍然有其他十八种树木稀疏地散布在这一片丰饶辽阔的美洲林地上，甚至还有多达九十五种灌木和草本植物共同生活在这个由山毛榉和糖槭主宰的社会里。

这样的组织屡见不鲜。于是，植物学家用"群丛"一词来描述在他们脑海中浮现的令人兴奋的想法。英国有橡树群丛，挪威有云杉群丛，美国中西部有山毛榉-糖槭群丛，当然别的地方自有许多其他类型的群丛。许多天然丛林和我们描述的典型群丛如出一辙：都存在某个占据绝对优势的物种，都呈现相似的物理结构，少数植物从物种数量来看在总的物种库中占比较大。在上述实用的概括中，植物群丛常常都是聚集生存的，因此我们会自然而然地设想是否有某种强制力存在。是什么让植物以一种可预测的组

织方式生活在了一起呢？又是谁成了维护这些植物社会中的社会
秩序的警察呢？

　　自然界中，植物会聚集成一些我们所熟知的群体并一起生活。
这一结论是一种发现，或者说是对现实情况的观察结果。然而，
将这些群体等同于一个个根据某些普适的社会生活法则聚集在一
起的社会，无疑是更加令人兴奋的想法。这听上去太让人振奋了，
甚至有点难以置信：植物居然有社会生活！这些植物群丛其实就
是我们熟悉的、可以描述的群落，我们需要为此寻求一些解释。

　　五十多年前，很多植物学家信心满满地出发去寻找解开植物
组织这一谜题的线索，事实也证明这是一条漫长而艰苦的搜寻之 ◀64
路。他们意识到他们已经站在一段崭新的勇气之旅的起点。他们
将对由植物群丛呈现的自然法则进行分辨，并寻找其中蕴含的准
则。一个世纪之前，动物学家和植物学家对不同动植物物种所呈
现的自然法则进行了分辨，进化论就是在他们的努力之下诞生的。
若将自然群落作为整体来开展研究的话，是否会有某种全新的伟
大理论因此诞生？

　　于是，植物学家们开始试着参透支配植物组织形成的规律，
这要比单纯去讨论物种更加复杂。就像达尔文解开他的"谜中之
谜"那样，他们感觉到自己已经十分接近一个伟大真相的所在。
他们自称为"植物社会学家"，即研究植物社会的社会学家。

　　第一批植物社会学家在法国南部以及临近的瑞士阿尔卑斯山
区开展他们的研究，他们因而被称为"苏黎世-蒙彼利埃（法瑞）
学派"。他们的目的在于找到植被中的"多数"种，这是一种主

观判断。对于已经被开垦了五千年而且林地周围甚至有简易围栏围着的地方，这种判断可能足够简单。随后他们会对群落进行研究和描述，指出哪一个物种是这里的优势种；哪一些常见，而哪一些罕见；哪一些好交际，会聚在一起生活，而哪一些疏于社交，会选择独自生存。之后，他们会寻找和第一处较为相似的另一片有植被生长的地带，并对其进行描述。很快，他们就有了一大堆长长的清单，上面描述了所有植物群落长着的样子，继而将这些清单进行比较。每个清单上都包含独属于该清单的特殊植物，这些植物将被排除。剩下那些所有清单共有的优势种及专有物种，连同很多没有那么专有却频繁出现的物种，组成了标准定义上的植物群丛。

法瑞学派的学者曾阐述过作为一名植物社会学家的他认为物种是什么。就像博物馆分类学家会将物种描述成一个有效单位一样，他将群丛视作一个有效单位。毕竟，博物馆学家所做的不过也就是用主观的方式来描述样本。他会对大量的个体进行观察，对其平均状况进行描述，再把所得到的结果称为物种。这就是法瑞学派的植物社会学家所做的工作，只是他们所观察的每个个体都是一整个社群。

法瑞学派的学者接下来以同样的方式对法国南部和瑞士阿尔卑斯山区所有不同种类的植物群落作了描述。随后，他们进一步扩大研究的范围，描述了他们所遇到的每一种人类显然不曾见过的群落，并将其添加进他们的"群丛"收藏，就像博物馆的收藏家会将新发现的物种添加到已知物种清单上那样。他们不仅仅收集森林群落，还收集其他各类型的群落：沼泽、牧场、灌木丛、苔原、沙漠。所有地方都有植物群落定居，因此所有地方都存在可以为人描述的"群系"。他们要做的工作就是收藏庞大的"群丛"物种并进行整理分类，以揭示其背后潜在的自然法则。当博物馆分类学家用馆藏的物种来完成这项工作时，他们指明了一条通向进化论的道路。那么新诞生的生态分类学会为我们带来怎样超凡的见解呢？

　　有一件事是这些对群丛进行分类的学者们能够轻易做到的：他们能够确定每个群丛属于植物地理学家所说的哪一大群系。以橡树、山毛榉和槭树、栗树和胡桃树或者桦树和白杨为优势种的群丛都属于温带阔叶林群系，以云杉、松树或落叶松为优势种的群丛则属于北方针叶林群系。还有一些高山草甸群丛实际上应当被归类为苔原群系，尽管它们生长在大多数苔原群丛所在位置向南百英里远的地方。学者能做的只有这么多，他们没有办法继续深入。和博物馆收藏的物种不同，有些群系无法被完全归入任何属、科或目，或者至少没有明确到能够让每个人都认同这种归类。很多人曾尝试过，但没有人成功。植物社会学似乎无法帮助我们获得对自然的全新理解。与此同时，另一个植物社会学学派仍在继续探索，他们似乎认为这种方法显然是错误而且不关键的。

　　乌普萨拉学派从瑞典出发，穿行于整个斯堪的纳维亚半岛以及北欧部分地区来开展他们的研究。这片地域远不像法国南部以及阿尔卑斯山区那样物种丰富、欣欣向荣。这里生长有大片森森伫立的针叶林，它们组成了一个个结构简单、层次单一的幽暗森林，却还有野生沼泽和开阔的苔原地带。比起耕地，更多的是荒野。在这样的植物国度中，想要精选出几种植物进行描述可没有那么容易。因为这片土地看上去是那么千篇一律，相隔很远的情况下才能出现一点点细微的变化，所以乌普萨拉学派的学者没有尝试这么做。他们采取了随机调查的数学方法。他们在森林或者沼泽中任意挑选地点，对那里生长的植物数量进行统计。随着愈发深入的探索展开，他们发现了一些新的植物种类并将其添加到他们的清单上。但不久之后，他们就不再能发现新的品种，因为他们调查过的土地的面积已经大到足以涵盖生活在当地群落中的几乎所有物种。如今，他们已经拥有了和法瑞学派学者所制作的清单极为相似的一份列表，上面也记录着许多植物的名称：哪一些常见，哪一些罕见；哪一些热衷交际，哪一些离群索居；哪一些占据统治地位并且显要，哪一些卑屈而无闻。重要的是，他们利用客观的统计学方法对这张列表进行了汇编，因此它并没有受到那些对植被种类进行挑选的学者的主观影响。

随后，乌普萨拉学派的植物社会学家开始对多个列表进行比较，就像他们身处法国南部的同行所做的那样。他们同样也确定了本学派的"物种"并称之为"基群丛"（为了避免和法瑞学派的"群丛"相混淆）。他们继而试着对"基群丛"归类，以期揭示南方那些主观的研究者们没能发现的科学界的新真理。他们同样不太走运。植物社群拒绝被人类以任何有意义的方式归类。

在他们尝试归类的过程中，这些全力对付着植物社群的古怪之处的科学家们逐渐意识到一个平淡无奇的事实。群落——无论他们赋予其怎样的社会名称——实际反映的仅仅是陆地表面的客观变化。生活在潮湿水底的是一种群丛，生活在干燥山脊上的是另一种，生活在富饶的冲积平原上的又是其他种类，以此类推。科学家们通过这张精心制作的列表描述的实际上是栖息地，而非社群。一种特定类型的土壤对应着一张列举了在当地生长的植物以及那些能够在所有具备同样客观条件的地方生长的植物的列表。管辖植物社会的"警察"只是冷冰冰的现实条件，是所有生物都必须自我识别的客观存在。然而，关于山坡植被的一个由来已久的争议使得针对这一问题的争论目前仍不得平息。

　　为我们提出山坡问题的是美国西部探险家 C. 哈特·梅里亚姆（C. Hart Merriam）。在 1889 年，梅里亚姆负责在亚利桑那州的部分地区进行一项生物学调查，彼时该区域内的生物学情况尚不为人所知。仅在一个季节后，年轻的梅里亚姆就带回了二十种不为科学界所知的哺乳动物。然而，真正给他留下深刻印象的是圣弗朗西斯科山坡上的植被。这座山足足有 13 000 英尺（3 962.4 米）高，它扎根于索诺拉沙漠，包括管风琴模样的"萨瓜罗掌"在内的各式仙人掌以及坚韧或带刺的灌木丛点缀着这里的沙漠光景。当梅里亚姆沿着山脚下的矮栎林爬出这片炎炎沙漠，攀登到 6 000 英尺（1 828.8 米）高的位置上时，他进入了一片长满高大松树的林地，溪水在林间欢快地流淌，脚下层层叠叠的针叶散发出阵阵清香。仅仅 6 000 英尺，就实现了从沙漠到松木天堂的惊人转变。梅里亚姆继续向上攀登，穿过松林之后，进入了一片黄杉林。之后他继续前进，直到树木消失，最终发现自己置身于山顶的高山苔原之上。他为这壮丽的景色变迁惊叹不已，并对这些秀美的植被一一加以描述：沙漠、矮栎丛、松林、黄杉林、苔原。他称它们为"生命带"。他也有可能称呼它们为"群丛"，只是在他的时代这个词语尚未流行。

在梅里亚姆记录这些生命带时，把每一种都描绘得如此迥然不同。如果它们各自反映了一种特殊的植物社群组织的话，我们也许还可以对这种方法报以些许期望，但如果植物仅仅是被动地追随着客观存在的栖息地的话，那么这么做是没有意义的。现实世界里的栖息地应当在我们沿着山坡向上攀爬的过程中逐渐发生变化，而不是每隔几千英尺发生一次突变。在我们爬山时，我们周围的空气会逐渐变冷，风会逐渐变大，或是降雨会逐渐变得频繁。根据达尔文对生命的观点，单个植物物种应当找到山坡上它们应当处于的那个高度。如此一来，随着高度上升，不同的物种会不断地重新混合在一起，从而导致植被类型一直保持多物种交融的状态。可梅里亚姆声称，山坡上存在的是相互独立、一个叠着一个的生命带。

秉承"眼见为实"的原则，很多登山者都会认为梅里亚姆是正确的。如果我们像梅里亚姆那样从山谷向山坡看去，那么山上的植被带似乎确实是一个摞着另一个，同样的情况还出现在了科隆群岛、阿尔卑斯山脉、喀麦隆火山、新英格兰地区以及阿巴拉契亚山脉。在秋天，当我们眺望阿巴拉契亚山脉时，我们会看到一条条颜色鲜明的彩色植被带相互堆叠在一起，既有橡树和枫树的红，也有山地针叶林的墨绿，还有那些叶子尚未变色的树木更鲜嫩的绿色。当我们的目光顺着山脊向这些彩色植被带一路看去，我们将看到一个条带上叠着另一个条带、一个生命带上叠着另一个生命带、一个群丛上叠着另一个群丛的场景。

尽管对平坦地区的群丛进行归类已然非常困难，尽管每个经过细致考察的群丛都被证明它只是对物理栖息地、一个地块的反映，但是登山者的这一发现还是让植物社会学家们备受鼓舞。山坡上所发生的种种客观变化都是连续且基本上渐进的，但植物群丛却能够跨越这种客观上的渐变并大步挺进。每个植被带都会在山坡上占据一块较为宽广的条状领地，该植物社群会保持其成员不变，直到我们到达它与下一个社群领地的交界处。于是，我们眼前所见的无非又是树木的民族国家、边界等等。

遗憾的是，事实并非如此。登山者和所谓的植物社会学家实际上都被错觉所误导了。

罗伯特·惠特克（Robert Whittaker）对山坡进行了细致的观察。他对所有关于生命带和植物社群的既有推测不予理睬，一头扎进了山坡上的丛林里，并在向上爬的过程中对哪一种植物是优势种做了持续的普查。在持续普查的过程中，惠特克势必会穿过一些看上去相当明显的边界线，因此他应当会在所得到的结果中发现不连续之处。但是他并未发现生命带之间的界限。相反，数据表明，在向上攀爬的过程中，单个植物物种是缓缓出现并渐渐消失的，不同物种相互交融的情况也始终存在。如果每一种植物都能随心所欲地自行其是，而没有从社群组织中获利的话，那么这就是一个理所应当的结果。

◀70

那么，植物学家还有外行们肉眼所见的植被带又是什么呢？它们并不矛盾。当我们从远处看向山岳的时候，我们会立即留意到那些更引人注目的地方——红色的橡树、松树或杜鹃灌木丛生长得较为密集的地带。我们往往不会注意那些颜色或者植被结构较为混杂的地带。你在观察由多种植物构成的山坡植被时的感受，就和有时候你观察彩虹呈现的色彩缤纷的光谱一样。我们会谈论彩虹的紫色或是绿色光带，但从光谱的紫端到红端，光的波长始终是递增的。彩虹中不同颜色的光带实际上一种视错觉，为的是方便我们记忆和表达。山脉上的植被带也是同理，它们并不是作为分离的植被带存在的。

关于群丛的概念，仍然有一点需要补充：有些植物确实会在某一片植被中占据主导地位，而其他植物也已经完成了相应的进化以适应这一事实。有些物种相当依赖其他物种的存在，这是因为它们能够在群丛中利用其他物种求生。占据像是生活在橡树生长的地方或是在山毛榉和糖槭的树阴下求生之类的生态位是完全有可能的。考虑到利用其他物种的存在生存这一新型生态位已经进化了出来，那么由不同植物物种所构成的群丛也是有可能存在的。群丛可以是非严格意义上生物学家所谓的"共生"，尽管这种关系只会出现在几个而非很多物种之间。

这类群丛是完全符合达尔文学说的理念的。由一对物种构成的群丛之所以会出现，是因为每一个物种都被设定好要尽可能地适应环境。如今，实践经验表明，这种相互依赖的关系通常是相对不牢固的，也从未延伸到较多物种之间。我们可以如此断言，是因为在对群落进行研究的过程中，每一片被认定为整体或是植物社群的植被都在批判性探究面前"分崩离析"。陆地群系，也就是植物的民族国家，最先印证了这一点，因为它们的边界永远只出现在地表上存在物理边界的位置上——海岸线、山脉或气团。随后，植物社会学家所谓的"群丛"和"基群丛"也证明了这一点。所有这些概念都已被证明只能反映排水、光照或土壤的状况。山坡上的植物带也是如此，因为它实际上是一种简化抽象，就好像我们用三棱镜折射出的彩色光带一样，其边缘处其实存在不易察觉的互相交融的情况。

植物群落并非井水不犯河水。考虑到每一个达尔文式物种都会找到属于自己的位置，与它的邻居竞争，并在它自己独立的生态位上生存，现实就是它们会无止境地相互交融。来来去去的群落都只是被命运和历史安排到一起的临时植物同盟罢了。但是，在它们与其他物种共同生活的时候，它们的生计就与邻居的生计牢牢啮合在了一起。对这一事实的认识就是目前为止植物社会学的最大成果。那些在自然界中寻找有组织的植物社群的植物学家们为我们带来了一种总结生物实际上如何生存的全新概念，他们将这一概念命名为"生态系统"。

◀72

在二十世纪三十年代，一位又一位植物学家开始私下向现实妥协，承认自己的"群落"其实只是由一小块土地所塑造的，并且其成员的命运本质上取决于土壤、天气以及当地的动物，而非周边植物的存在。人们随即开始试着发明一个词语来形容这种关系，包括 naturcomplex、holocene 以及 räume。一个概念已经在它该诞生的时候诞生了，此时它需要的是一个清晰、生动并且不那么拗口的词语来称呼自己。最终，英国生物学家坦斯利提出了"生态系统"（ecosystem）一词。

因此，"生态系统"这个词实际上是由植物学家发明的。我是带着几分谨慎使用"发明"这个词的。生态系统形容的是一种概念，一种人造的事物，即我们可以划定任意大小的一片土地并通过研究来确定生命在那里如何运作。我们必须同时对死物和活物进行观察，从而确定它们是如何相互作用的。生态系统的概念为我们提供了一种观察自然的方式。它告诉了我们，世界上不存在任何由某种高明的设计者创造出的超机体生物，有的只是遵循达尔文学说的物种。然而，如果我们想搞清楚为什么它们能在这世上持续存在，我们就必须以一种系统的方式对生态位和栖息地同时进行考量。我们必须同时研究活着的和死去的东西。

坦斯利就是那种为其他学者所尊敬的学者，他博学多才、睿智和蔼。他留下了一本讲述英国植被的巨著，他的国王因他为英国植物学所作出的杰出贡献而授予他爵士封号。乔治六世或许并不知道他表彰的不仅仅是一位杰出的学者，还是生态系统的发明者。一位植物猎手被授予爵士封号或许会让征战于阿金库尔或克雷西的那些佩戴金马刺的骑士们轻蔑一笑，但是我们不难看出究竟谁对我们的子孙后代产生了更大的影响。

第七章

循环：来自农业的启示

　　许多欧洲农民都是在历尽艰难后才发现他们祖先流传下来的耕种方法并不适用于潮湿的热带地区。如果你在典型的热带红土上开垦出一小块田地，耕耘、播种，那么你的努力很有可能得不到应有的回报。你花上好几年，想尽办法提高收成，但随之而来的却只有失败的苦涩，最终你只能拱手把这片红壤让给野草。这一模式为热带居民所熟知，因此他们盘算的是每过个几年就放弃这样的土地，迁移到其他地方，再开垦出另一小片地。这样的耕作方式就被称为"游耕"。支撑起整个西方文明的连续性耕作似乎在许多热带地区都不奏效，乍一看，这真是奇怪透了。热带地区的气候比较温暖，可作物不都是喜欢温暖的吗？很多不适宜耕作的地区又都非常潮湿，哪怕植物确实是喜欢水的。此外，热带野生植被的丰富程度更是远远超出北方农民的想象。然而，当一名北方来的农民企图在这种郁郁葱葱的土地上进行耕作时，他能品尝到的只有最终失败的苦果。

导致失败的直接原因，我们已经十分清楚了。从化学的角度来看，这些热带土壤太过贫瘠，土壤中缺乏磷、钾、氮和石灰。热带的土壤很温暖，却自清晨起就被飞溅而来的水所浸透，这一过程会导致钾、钙等营养物质从土壤中流失。始终被温水浸泡是导致热带土壤呈红色的原因之一，因为雨水不仅会带走植物所需的可溶性矿物元素，甚至还会带走二氧化硅。这种坚硬的物质是构成岩石的核心成分，正是二氧化硅让北方的大地蒙上了一层灰白色。潮湿的热带地区土壤中所残余的只有黏土的不溶性基质，这些构成简单的黏土含有铝铁氧化物，而这种红色化合物会逐渐转化成矾土或是铁矿。

西方农民之所以会在很多热带地区遭遇滑铁卢，其实是他们所耕作的土壤已经不再含有植物所需的营养元素。那野生植被要如何适应这种不含某些特定的基本化学物质的土壤呢？植物营养元素对雨林树木的重要性丝毫不亚于其对小麦或玉米的。在农民前来开垦之前，这片土地可能也供养着一个由上述树木构成的庞大森林。这些树木与同它们一起生存的其他植物，也就是我们所说的"热带雨林"，是如何成功地在这片营养元素尽数流失的土壤上茁壮成长的呢？想要找到答案，我们不妨赶在一位做着美梦的农民将它砍伐干净之前，先对这样一座森林进行一下观察。

生长着茁壮的完好森林的地方，无论其土壤的状况如何，通常都储存有大量的营养元素。这些营养物质由活着的植物本身提供。在这个生态系统中，生物本身就是其所需营养物质的储库，而森林会负责维护和补充自己的化学物质储库。从表面上看，这样的储库其实是一个不太可靠的储库，因为它始终在被劫掠。每当一棵大树死去，它的尸体就会被真菌和白蚁分解成碎片。随着它的躯干在饱受冲刷的红色矿物质土上腐烂，它将不再是公共储库的一个特殊组成部分。动物一直在啃咬绿色的树叶，树上的营养物质会随着它们的粪便流入土壤之中。但是这些流失掉的营养并不会就此消失，因为森林会利用其复杂和精巧的根系网并在生长于这些根系上的某些特殊真菌的帮助下将它们尽数回收。几乎任何对植物有价值的物质都无法在经过这个网络循环后还随排水流失。这就是为什么雨林能在贫瘠的土壤上蓬勃生长：生命群落会储存并回收生命所需的营养物质。

◄75

当农民对一片低地雨林进行清理时，他会杀掉植物，毁掉这个回收系统，任凭化学营养素通过土壤进入河流，进而排向大海。当他种植的那些需肥作物没有达到预期的产量时，他就会说这里的土壤太过贫瘠。没错，就是他让这片土地如此贫瘠的。

当这位农民因为自己做的蠢事变得穷困潦倒，进而选择放弃时，某些野生植物将在他制造的这片红色狼藉上生长，而不是被他铲掉的那片森林。首先能在这里立足的都是一些能够在极端缺乏营养的土地上生存的特殊植物。如果一切顺利的话，它们会开始储存所剩无几的营养。随后，植物会慢慢地从雨水和灰尘中收集营养，而储库也会被重新构建。终有一天，森林以及它庞大的储库或许能够恢复原貌。又或许，这只是我们的想象，因为我们只能猜测这一切会发生，而我们的依据就在于，势必会有与之类似的情况发生才使得原本的森林能够出现在这个地方。当然，这可能要花上成百上千年的时间。有的热带雨林可能自远古就已经存在。那时的气候与现在不同，或者土壤的发育程度还比较低，它能存活至今日完全仰仗于自己的生命循环。当我们毁掉了这样一座森林，它也许就永远消失了。

我们现在需要知道，为什么西方人的传统农业会在包括他们欧洲老家的几乎所有地方奏效。北方最好的农田能获得充足的雨水灌溉，它们会定期被雨水浸透，而雨水会使钾盐、硝酸盐和其他物质溶解，使它们脱离土壤并将其送向大海。一旦这些土地上的野生丛林被杀死，棕土被用于耕作，作物就会年复一年地在其上生长。我们已经在这些土壤上耕作了数千年，却仍没有被迫放弃它们。我们已经知道将动物的粪便置于田地上是个不错的办法，我们也会使用一些化学替代品。哪怕最差劲的农夫也知道该如何减少肥力的流失。在将这些方法运用于热带红土之前，我们从未遭受过如此挫败。尽管这是一种普遍的现象，可也未免太奇怪了。为什么这种糟糕透顶的耕作方式能够奏效呢？

要找到这个问题的答案，我们必须先了解温带森林的营养储库。不同于只有一个营养储库的热带丛林，在温带森林，我们可以找到三个营养储库。第一个储库就是我们之前提到的由植物本身构成的补给库，但它只占总量的一小部分，剩下的两部分则储存在土壤腐殖质以及较冷土壤复杂的黏土矿物中。

土壤腐殖质有其显而易见的用途，这也正是它存在的原因。

在较为寒冷的北方地区，由于冬天极为寒冷，腐烂的过程会大大减缓，因此死去的植物的尸体能够留存较长的时间。它们会以极慢的速度将营养物质释放进土壤中的水，而这点点水珠又会被植物的根系所捕获，尽管它远不如热带树木的根系那么高效。即便是作物也能够拦截这种水珠。此外，腐殖质中会发生一定的化学反应。一种无生命参与的化学过程会使硝酸盐和磷酸盐等带负电的营养物质从土壤水中析出，并使其富集于腐殖质颗粒。所以，温带农业能够行得通的原因之一就是凉爽的气候让腐殖质能够收集营养物质，从而充当一个被动的非生物营养供给的调节器。

◀77

　　黏土矿物的组成成分可能是一个更加重要的因素。和褐色或是灰色的北方土壤不同，热带土壤往往呈红色，我们可以直观地看出它们之间的物性差异。对于植物，则意味着像蒙脱土这类较为复杂的铝硅酸盐矿物不会出现在更潮湿也更古老的热带土壤中。这些铝硅酸盐就是北方那些具有黏性的黏土，就是这种土壤在我们穿过潮湿的、犁过的田地时紧紧地黏附于我们的靴子。但是它们会像黏附在靴子上那样吸住并保存营养物质，因为它们都带负电，并且会在表面富集钾、钠和钙等金属离子，从而为植物提供一个可用的营养储库。这个建立在铝硅酸盐黏土矿物基础上的营养储库正是温带土壤的第三个肥料储库。

　　如果我们想彻底搞清楚为什么西方农业在北方比在典型的热带地区开展得更加顺利，我们必须先弄清是什么让土壤呈现红色或是灰色。想要找到一个确定的答案可不容易。我们可以肯定这与温度存在相关联系，但是相关联系并不等于直接原因。红色土壤会出现在相对温暖的地区，但是为什么温暖的气候会让土壤变成红色呢？除了气候，土壤变红的现象还可能与其他因素存在相关联系，比如温暖地带的植物种类或土壤动物，而不只是单纯的温度影响。当我们从新英格兰地区出发，向南驶往南、北卡罗来纳州时，一位土生土长的弗吉尼亚人向我揭示了最为有趣的一种相关联系。在我们穿越弗吉尼亚州的过程中，我们见证了土地的颜色是如何从北方的灰色或棕色转变南方的红色。这种转变有多么让我们的人类情感激昂，就有多么让我们的科学心智困惑。这一景象就和往常一样让我动容，我向我的同伴表达了我对弗吉尼亚州红土的感受。"啊，"他答，"这片土地只是沾上了北方佬的鲜血。"弗吉尼亚州的土壤仅仅是浅红色的。与热带低地更加红艳的土壤不同，它们仍含有硅酸盐且适于耕作。也许，北方佬的鲜血确实是一种肥料。

这种红土不含来自铝硅酸盐的二氧化硅。在北方的土壤中，持续的雨水冲刷留下了许多坚硬的灰色硅酸盐，而这些硅酸盐都来自古老的母岩。在北方针叶林的灰化土——这种最为寒冷又饱受冲刷的土壤中，一层被漂白过的硅酸盐依然会残留在地表附近。在我们最常耕作的落叶林的棕色土壤中仍残留有较多硅酸盐，尽管它们仍会和铁氧化物或铝氧化物混合并化合。在热带，硅酸盐却都已被洗刷殆尽。没有了硅酸盐，土壤中矿物的合成路径会发生变化，而热带土壤中没有能够固定住营养物质的复合黏土。南北方土壤分别呈现红色和灰色以及热带土壤肥力较低的现象，与同一种机制有关。当气候比较寒冷的时候，硅酸盐在这种机制的影响下会发生迁移；而当气候稍微温暖一些的时候，硅酸盐则会被固定下来。

土壤中的化学反应非常复杂，我们至今也无法准确地描述这一机制。我们可以把土壤设想成一个巨大的滤床，其中的每一个微小颗粒都具有化学活性。水会在这个错综复杂的反应区域内缓缓流动：流经土壤、酸度受到矿物影响的水分，会从有机废料中渗出，会接触土壤生命所呼出的气体。酸度会影响不同矿物溶解的速率，但是化学环境中的其他矿物或者有机胶体的存在同样对其产生了影响。发生在土壤中的新矿物的合成能够反映土壤溶液中溶质的浓度，而浓度又会影响酸度以及新的合成过程。所有土壤中都发生着极其复杂的化学反应。这一过程中的某些部分，也许特别是在土壤水酸度方面，会极大地受到动植物的影响，而其他部分则是单纯的物理过程的结果。所有进程，无论是生物的还是非生物的，都会受到温度影响。无论这个机制有多么精细复杂，可以明确的是，在温暖的气候里，该化学反应会导致硅酸盐的流失；而在寒冷的气候里，硅酸盐会被保留下来并合成为蒙脱土等矿物——这类物质会让土壤呈现灰色并适合农耕。

西方农业能够在它的发源地取得成功，是因为北方土壤只需要一点点来自植物的帮助就可以固定营养物质。这是物理上的偶然，是寒冷气候所造成的非直接后果。北方生态系统的营养循环有很大一部分是靠非生命过程来支持的，而动植物则能够简单地从中获利。在一开始的时候，农民无法像杀掉植物那样抹去那些非生命的事物，因而在他们将土壤上的植被换成另一种时，无法毁掉这片土壤基本的生命保障系统。当然，也可能存在非常愚蠢大意的农民任由土壤遭受侵蚀，但是他们通常都知道要避免这种现象发生。如果土壤能够保持完好的话，其营养储库也能较大程度地保持完整。

甚至在热带的某些地区，当地土壤中的营养供给在很大程度上也来源于非生命过程，而其中现象最为显著的就是大河的三角洲地带。在恒河、尼日尔河、湄公河和尼罗河的河口，每年都会有大量沉积物在此堆积，伴随这些沉积物而来的则是大量来自上游生态系统的营养物质。你可以在三角洲的土地上尽情耕作而不必担心破坏它，因为水流每年都能弥补这片土地遭受的破坏。这就是为什么热带河流的河口附近会生活着大量人口（直到我们在河岸修建起堤坝）。

热带的其他地区同样存在肥沃的土壤，特别是那些由年轻的、营养丰富的火山岩构成的土壤。在夏威夷，正是这些土壤成就了一群依靠菠萝种植发家的百万富翁。非常奇怪的是，其他较为肥沃的土地位于降水量较少的地带，这是因为发生在此类土壤中的化学反应有所变化。印度半岛上较为干燥的那一半土地拥有黑色的土壤，这种土壤是湿热和干旱联合作用的结果。这些地区拥有的都是适于耕种的优质土壤。但是在永远炎热的热带低地，雨水冲刷了这片古老的土地上千年之久，这里的土壤已经几乎不含任何营养物质了，植被能够在这里生存全靠建立自己的补给库。是自然选择让天然生态系统中的植物这样做的。一旦杀死它们，就会毁掉供养生命的整个系统。

第八章

为什么海是蓝色的？

大海是蓝色的。这真是一件非常奇怪的事，因为大海也很潮湿，而且为太阳所照耀。既然生长有植物，那它应该和陆地一样呈现绿色，然而事实并非如此。虽然我们的确拥有浑浊的海岸和河口、绿色的汹涌水渠和雾气萦绕的银灰色海滩，但是深海、远海——大部分海域都是蓝色的。大海所呈现的这种奇异的蓝色实际上能够反映出很多问题。

要对海洋的颜色做出解释并不困难。海洋中的植物没有多到足以让它呈现绿色，因此我们能在太阳下看到纯水的颜色。穿过清澈海水的光线会被一点一点地吸收，它的能量在它向海底前进的过程中以热量的形式消散，直到最终全部流入热沉，届时周围只剩下一片漆黑。构成白光的多色光会被渐次吸收：最先被吸收的是波长最长的红光，随后是光谱中波长稍短的橙光、黄光、绿光，最后只剩下几种明明暗暗的蓝色。只有蓝光能够到达水下数百英寸的位置，于是任何能够从水面抵达最深的深度还能从该处返回水面的反射光都是蓝色的。所以大海是蓝色的。

然而，海水呈现蓝色的真正原因在于大海里没有足够植物能让它变成绿色。这可以说是世界上最怪的怪事了。为什么大海没有因为植物而变绿？

82▶

要弄清楚应当去哪里寻找答案，我们必须先对大海里少数呈现绿色的区域进行思考，特别是多格滩之类的浅滩以及秘鲁沿海上升流区之类的大上升流区域。这些水域都是绝佳的渔场，它们的水体会因为植物的存在而呈现浑浊的绿色。作为渔场，这些分散的水域已经证明了自己的多产，而暗绿色则代表水体中肥力较高。从化学角度看，高肥力本身就解释了为什么有的水域适合渔业且水体呈暗绿色。海岸附近的水体以及上升流中都含有大量化学营养物质，因此海水中微小的浮游植物能够大量繁殖，从而将它们所在的水体变为一锅绿色的浓汤，动物更是在其中自在地游来游去，最终却便宜了那些以捕鱼为生的渔民。

在大海中营养物质较为丰富的水域，微小植物会大量繁殖，于是水体会因为它们的躯体而变成绿色。然而，大海中的多数水域都是贫瘠的，它本质上是化学物质的荒漠。海水中一定存在钾、磷、硅、铁、硝酸盐等物质，只是浓度都非常低。按农业的标准来看，远洋简直贫瘠到无可救药。可如果大海是贫瘠的话，那么我们能得出的一个合理推论就是植物无法在海洋中茁壮地生长，这也许就是为什么大海中植物的数量如此之少。

目前为止，我们似乎还处于推理的安全地带，但是这个观点中设着一个巨大的圈套。所有这些推理都依赖一个事实，那就是大海中的植物非常微小。在异常富营养的水体中（被污染的河口是一个再合适不过的例子），微小的植物会大量繁殖，直到整个水体都被它们的身体染成淡绿色。可如果其水体是大洋那样的营养荒漠，那么在阳光能够穿透的上层海水中刚好存在足够制造出少量植物细胞的化学物质。大洋水体里基本上是空荡荡的，阳光能够穿透水面达到一定深度，水体因而反射出蓝蓝的光。然而，这一切都基于一个前提：水体中的植物都很微小。

▲83

试想这个世界上存在一些能够漂浮于海面之上的大型植物，它们将用叶片覆盖海洋表面，就像雨林覆盖着热带土地那样。这些大型植物不必担心水体中营养物质的缺乏，毕竟正如我们在上一章所读到的那样，雨林中的参天巨树也没有在更加缺乏营养的热带红土面前退缩。大型植物能够收集、积累并储存营养，那生存对于大洋中的大型植物来说应该再简单不过了。实际上，在大洋深处没有阳光照耀的地方存在几乎无限的营养物质，毕竟大洋的平均深度能达到 5 英里（约 8 米）。因此，养料的供给问题主要出现在浓度上。阳光能够穿透水面到达水下几十米处，在这一段距离内势必有植物生长，而它们面临的是局部营养短缺的问题。在它们的下方，潜在的营养供给可以说是无限的。生活在水面上的大型植物会将周围的营养物质尽数吸收，其机制就和陆地上的大型植物一样。随后，会有更多营养物质从海洋深处向上扩散，进而被植物收集，如此周而复始。因此，如果远洋中生活有巨大的植物，那么营养物质稀薄将不再成为妨碍其生存的问题。

现在，我们的探索已经接近达尔文主义所认同的真相了。海洋是蓝色的，不是因为它其实很贫瘠，而是因为海洋里没有大型植物生长。大型植物能够克服表层水体营养物质较少的障碍，因为它们可以过滤来自海洋深处的营养物质进而一点一点吸收这些养分。考虑到大型植物对陆地生命具有如此强大的影响，它们必然能够成为影响海洋生命的主导因素。它们为下方的空间带来阴凉，也可以迫使所有的动物食物链必须以大口啃食植物为起点。但是远洋中并不存在任何大型植物。这样的植物只能在海岸附近生长，比如大型褐藻。北美洲地区太平洋上的大型褐藻、巨藻还有海囊藻，据称是世界上最大的植物。然而，这些巨大的海洋植物并没能在远洋过上随波逐流的生活。出于某些原因，"作为大型植物生存"这一生态位或是职业在远洋是不可能存在的。这又是为什么呢？这就是大海的蔚蓝背后基本的达尔文式问题。

很久之前，海洋学家们便意识到海洋中不存在大型植物实际上是很奇怪的一件事，但是他们并未察觉这一庞大的达尔文式问题。他们从未问过自己："为什么植物不能长得很大？"相反，他们将目光聚焦于体型小所带来的一系列优势上。他们盘点了小体型所带来的各种好处并期盼着能够以这种方式找到问题的答案。但是，你无法利用这样的方法来彻底解决这个问题。

我们不妨细想一下某些所谓体型小的优势，特别是和表面积相关的优势。小型物体的单位体积或质量表面积要比大型物体大得多。这一情况导致的一个结果就是它们不会为下沉问题所困扰，因为较大的表面积能够提供更多摩擦力，从而降低了其下沉的速率。此外，如果你的身体里有一个充着气体或者油的囊腔使你不会下沉，那么体型小一点又有什么不好的呢？还有一点就是，相较于你小小的身体，巨大的表面积能够帮助你从周围环境中汲取尽可能多的珍稀养分。不过，要获得巨大的表面积不只有让自己的身体变得很小这一种方法，长出卷曲盘绕或是海绵式的身体结构同样能达到这一效果。雨林树木就长出了一簇簇纠结缠绕的根须，它们可以扎根在泥浆或是沙砾里，更不用说在水中了。海绵一样的巨大海洋生物能够轻易地吸收周围的营养物质，随后它就能像陆地植物那样储存起自用的营养物质。

　　我曾在一本海洋学课本中读到过：微小的实体能够"高效地"利用营养物质。若我们以银行家看待快速"周转"其资金的公司的视角看待海洋，我们也可以说这些实体能够高效地"周转"它们的营养物质。然而，奇怪之处在于，正是这种高效让大海成了产能低下的荒原。如果海洋植物的体型较大，它们就能从自己的下方吸收营养物质，从而让海洋这一"荒原"像热带低地一样欣欣向荣。如此一来，生产"效率"便能得到极大的提升。所以，海洋植物到底为什么那么小呢？

　　体型小势必具有某种优势，而要确定这究竟是哪方面的优势，最好的方法就是去了解在大海中体型大具有什么样的劣势。无论这些劣势是什么，它们必然生死攸关。我们可以在远洋之外的所有地方——包括任意类型的陆地表面以及海岸附近的浅滩，找到大型植物的身影。只有远洋没有任何大型植物生长其中，哪怕它

85

们完全可以在洋面上漂浮度日。因此，浮游的生活方式是解开谜题的关键。

为什么小型植物能够在海洋里漂浮过活而大型植物却不行呢？答案显而易见。如果一株植物在水中漂浮，它势必会随波逐流；如果它随波逐流，它很快就会被带离它想要停留的地方。它必须通过某种方式回到这里。对于较重的通过气囊或油脂来保持漂浮状态的大型浮游植物，在风暴或是水流的持续推动把它带走之后，它很难再回到原来所处的位置。但是，我们能很容易地想象出微小的植物会利用怎样的方式回到原处。最简单的方法就是让自己下沉，因为海洋表面永远处于扰动的状态。在一部分海水涌向某一片海域的同时，必定有一部分海水在反向移动；对于每一股流向别处的洋流，势必存在另一股洋流正在返回此处。小型植物能够在远洋里蓬勃生长，很有可能就是因为它们能够随着洋流漂动。它们还有可能随着波涛翻滚而飞溅进空气中，随后再被吹向各个大洋。微小的植物能够随着洋流来回移动，因此它能够停留在一片固定的水域中，甚至能跨越大洋回到原点。这是大型漂浮植物所做不到的。

所以，对于大海为什么是蓝色的，我的最终推论就是，大型植物并不是因为缺乏营养而无法在海洋生存，而是因为不停运动的洋流会将它们全部卷走，并且让它们永远无法回来。然而，命运为我的推论安排了一个有趣的考验。在当代的海洋中，有一个地方不会发生浮游植物被卷走的情况，这个地方就是马尾藻海。

马尾藻海处于一个缓慢而庞大的流涡的中心，这处海域的涡流会将漂浮物聚集到它的中心。对于航船来说,马尾藻海无疑是非常危险的海域,许多传说都讲述了古代船只被无情的水涡困住,最终在遥远的大西洋里腐烂的故事。哥伦布在马尾藻海的经历同样糟糕透顶。为了安抚心生叛意的水手,他从船体周围漂浮着的水草上取来一只螃蟹并声称生存有螃蟹的水草只会出现在陆地附近。但是实际上,他们和陆地之间还有好长一段距离。这种漂浮在海面上的水草是一种巨大褐藻,我们称之为马尾藻。它们密密麻麻地漂浮在马尾藻海海面,流涡使其整个种群都定居在这里。

就和墨角藻、泡叶藻以及任何能够承托起漂浮物并可能被风暴撕碎的固定的海岸植物一样,我们能在许多海域找到零星漂浮的马尾藻残片。这些漂浮的碎片固然能够在漂流的过程中坚持很久,但它们的前途全部都很渺茫。它们不适应海洋里的生活,也无法在漂流的过程中繁殖,更不会留下任何后代,最终只会统统死掉。但是在马尾藻海,情况则完全不同。作为当地物种的马尾藻一生都会在这里生活,它们世世代代都在这里繁衍生息。显然,这个海洋流涡已经存在了很长时间,至少久远到足以让自然选择从漂浮的沿海藻类残片中塑造出一个能够一边漂浮一边完成其整个生命过程的物种。这种植物成功地在一片出了名的缺乏营养的不毛水域生存了下来。

◂87

马尾藻的故事让我们确信:如果海洋中存在能够让漂浮植物停留在原地的海域,那么我们就应当能在那里找到大型漂浮植物。它们没有在海洋上随处可见是因为海洋不是静止的。自然选择迫使海洋中的植物变得极其微小,因为微小的植物能够最好地分散于海洋之中。倘若表面水体得到了来自上升流、地表径流或是台伯河、哈德逊河、梅德韦河这些满是垃圾和废物的河流的营养物质，那么微小植物就会开始大量繁殖，此时大海将不再是蓝色，而是充满生机的浑浊绿色。

　　然而，全世界大部分的海洋都是养分的荒漠，微小植物无法在海洋中大量生长。于是，这里既没有成片漂浮的植被，也没有充斥微型藻类的浑水。阳光深深地照入水中，而其中能量较低的射线很快就会被吸收。只有波长较短的射线能够在海洋的表面水体甚至深处走一个来回。这就是为什么海是蓝色的。

第九章

海洋系统

全世界的海洋构成了一片极度缺乏营养的广阔荒原，其中则稀疏地生活着各种生物。这就是我们在探索大海为什么是蓝色时发现的惊人真相。我是带着几分谨慎来使用"惊人"一词的。我们这一代人已经听惯"大海是我们最后的边疆，是一片富庶、肥沃及高产之地"的说法。似乎没有记者能在写起拯救饥民的话题时不提到海水养殖，仿佛海洋是人类尚未开发的重要食物来源一样。但现实并非如此。海洋是一片荒漠，它所拥有的食物仅仅比我们已经取得的那些多上一点点。

我在第四章阐述了我们要如何通过称重以及对植物在整个生长期长出的新组织进行合计或是监测它们吸入和呼出的气体的量来计算它们的效率。我们能够通过这种方式测量一片土地上所有植物在一年中可以生产多少食物卡路里，由此我们发现陆地植物的效率简直低得可怜。在海洋中，一切甚至变得更加糟糕。

比起测量土地的生产力，测量海洋的生产力要更加容易一些。这是因为海洋里的植物都生活在水（化学家眼里的理想溶剂）中，并且它们微小的体型让我们能够将其大量地装进实验室容器中。目前，许多国家的远洋科研船都在全球海洋上巡航。科研人员会定期用瓶子对海水进行采样以研究植物的种种行为，因此我们现在已经拥有来自所有海洋的可信的测量数据。可结果是令人沮丧的。

地球上所有的海洋每年加起来一共能生产 920 亿吨的植物组织。这个数字既涵盖了渔业发达的丰饶地带，也包含热带地区的蓝色海域。不妨将这个看似十分庞大的数字与面积更小的干旱陆地上的植物产能相比较。全球所有干旱陆地上的所有植物在一年中总共能生产大约 2 720 亿吨植物组织。因此我们可以看出，尽管地球有四分之三的表面都为海水所覆盖，可在海洋中，植物固定的卡路里只占生物固定的卡路里总数的四分之一。

海洋生产力如此低下的直接原因显然是化学肥料的缺乏。陆地上有时也会存在营养物质短缺的情况，不过野生植被通常能够储存并回收营养物质以满足自身的需求。因此，除了在没有水或是冬天气候非常寒冷的情况下，是原料二氧化碳的缺乏限制了陆地植物的生产力。在大海里，植物能够得到海水中碳酸氢盐形式的碳，而它们所得到的通常多于它们实际能用掉的。微小的海洋植物无法耗尽它们周围的碳，是因为它们会先耗尽铁、磷或硝酸盐之类的化学肥料。

具有技术思维的人在面对这样贫瘠的海洋时，第一反应必然会是想让这片潮湿的荒原变得肥沃，让它像沾着水的玫瑰那样盛放。然而，结果并不会如他们所想，因为海洋中并不真的缺乏化学营养物，反而是储存着大量的化学物质。的确，我们有时候会梦想着对海洋进行开发，以此获得水体中的矿物质。问题则在于， ◀90 它们的浓度太低了。植物必须在海洋顶层阳光能够穿透的区域生活，这个区域的深度据测有 100 米（约 300 英尺），但通常要远低于这个数字。对植物来说，有价值的营养物质都来自海洋顶层这片浅浅的、有阳光穿透的水域。下方宽广深沉的水域中的所有物质都是植物所无法企及的。就算我们将超过 100 万吨（假设我们有这么多）的过磷酸盐和铵盐倒进海洋的话，它们也只会沉入植物无法企及的深处。

我们知道，自然中存在一些较为丰饶的海域，比如那些适于捕鱼的海域——北海、纽芬兰浅滩、秘鲁外海。海洋中确实存在零星的、较为丰饶的水域，而剩下的都是贫瘠的荒漠。真是怪极了，不是吗？对于这一现象的解释倒是十分简单。适合渔业的水域和贫瘠的水域在化学层面其实并没有太多差异，但是它们的水都在持续地被替换。在浅滩和岛弧的所在之处，海洋深处的移动水流会被迫涌向海洋表面，从而实现了海水自下向上的流动。相似的情况也会发生在两股深层流迎头相遇的时候，海水会被迫向上涌动，从而导致我们常常提到的"上升流"。在所有这些海滩和上升流的所在之处，都存在着一个竖直的、缓慢移动的海水传送带，它们为生命带来了来自深海的无尽的新鲜养分。渔业繁荣背后的秘密其实就是向上的水流所带来的持续营养补充。

　　某些沿岸水域同样也较为富饶，比如狭窄的海岸地带或大河河口外的浑浊海域。这些地方之所以能交上这样的好运，可以归结于两个因素：一是陆地斜坡会迫使水流向上抬升，因此在拍打着礁石的同时，它们还会不断向这里输送营养物质；二是河流裹挟而来的杂物会为大海的边缘地带带来养分。最近，在尼罗河上进行的一项实验证实了河流所带来的养分的重要性：实验中，河流养分的输送被人为地完全阻断。阿斯旺大坝使得尼罗河无法将富含营养的淤泥输送进大海，而这直接导致当地沙丁鱼渔业的崩溃。与此同时，作为沙丁鱼猎物的浮游动物的食物来源，植物同样难以茁壮成长。有时候我们也能够提高海岸周围水域中营养物质的含量，我们会将它提高到一个当地植物所不能适应的水平——这种情况通常被称为"污染"。

　　但是，除了狭窄的海岸地带，海洋中所有富饶的海域都只存在于有水流从海洋深处涌向海面的地方。植物不喜欢这种冰冷冷的水流，但它们仍然为了寒流所携带的营养物质而忍受着这股寒意。小型植物能够在这里度过它们短暂的一生。它们在涡流中上下颠簸浮动，因此其亲代能够停留在上升流的中心附近，一个月繁衍出五十到六十代的个体，从而向支撑起人类渔业的食物链源源不断地输送营养。全球海洋中，只有千分之一的水域存在上升流，而其中又只有大约10%是较为高产的海岸地带；剩下的广袤水域都是一片片贫瘠的蓝色荒漠。对于生命而言，在这里生存比在阿拉伯的沙漠里还要艰难。

　　因此，一个确凿的事实就是：海洋是一片严酷的荒漠，它们缺乏的正是可溶性的植物营养素。如果我们回顾地球的历史，我们还是会发现这是个非常奇怪的结论。海洋自地球诞生伊始就已经存在，它们的形状不断改变，会随着大陆的漂移从一个地方迁移到另一个地方，而在我们所知的任何时间段里都有海洋的存在。可溶性的营养物质始终通过河流从陆地流向大海，正是这一过程让海水变得很咸。尽管如此，海洋还是缺乏生命存活所必需的营养物质。这真是怪透了。　　◄92

　　虽然有些细节尚不清楚，但是我们已经大致弄清楚了这个谜题的答案。海洋中的化学反应是由它的底泥所控制的。涌动不息的河流会将化学物质释放进海洋当中，而海底的海泥会选择性地吸收它们。海泥中含有多种多样的矿物质，类似于温带黏土，它也含有钙、钾和钠等金属离子。在盐介质中，晶体会在底泥的表面缓慢生长，比如海底锰结核——不少矿业公司就专门计划从海底捞取这种矿物。碳酸钙会在某些位置沉积，而且会和镁等其他元素一起聚集成灰岩礁。细菌以海泥中的有机残骸为食，它们会将某些元素固定在自己的尸骸上并抛弃其他元素。由此可见，海水中的化学反应和河水中典型化学反应的不同主要体现在其底部发生的化学反应上。海水不仅仅比河流中的淡水有更大的密度，它还有一套不太一样的化学组成。这两套化学物质组成之所以如此迥异，很大程度上要归因于沉积的矿物质和淤泥。

　　化学物质离开海洋盆地的速度和它从河流进入的速度一样快。它们会随着地壳的蠕动而回到陆地。山脉的每一次推挤和海岸线的每一次合并都会使富含化学物质的底泥回到陆地。所有的沉积岩，从石灰岩、砂岩到页岩和片岩，都曾是海泥的一部分。当它们离开海洋时，就会带走储存在它们那里的化学营养物质。一旦雨水将这些营养物质再次从岩石中刷洗而出，它们就会被陆地植物的根系捕获并短暂地进入陆地生态系统。随后，它们又会慢慢渗进河流继而逃离这一系统。它们会再一次被送向大海，再一次在流体团中扩散，再一次进入海底。

正是一个庞大的化学机器让海洋成了荒漠。海洋中所有的化学物质都通过这个机器慢慢循环。它们通过河流进入海洋，它们会在海洋中被稀释并悬浮其中，随后它们会进入海泥并在那里待上个几百万年，之后再被遣回陆地，被困在岩石的牢笼之中。亿万年来，这个系统一直控制着海洋中的化学反应。它不是一个生态系统（尽管细菌还有其他形式的生命也会参与其中并进行一定的化学反应，而且它们的活动会影响到碳酸盐的沉积），它是一个被动的物理化学系统，由阳光驱动，更不受生命的编排。

在远洋生存的生物必须适应营养缺乏的状况，这里的植物无法拥有较大的体型——其原因我们已经在上一章讨论过了。在低产海洋中作为小型植物生存的生态位需要植物将它们一生中的大部分时间花在漂流于有阳光穿透的海域。它们会下沉一小段距离进入黑暗之中，短暂地关闭它们的工厂，直到涡流将它们重新带回水面。这一过程有助于它们和它们的后代四处移动。它们的繁殖策略是由它们的体型决定的，它们必须尽可能快地增殖或分裂。但是到面对在这片阳光普照的开阔地带捕猎它们的食草动物时，它们则没有任何还手之力。

那些从事捕猎这些微小植物这一行当的动物面临着相似的限制。它们要么把这些植物一个一个地吃掉，就像鳟鱼捕食蜉蝣或狐狸捕食老鼠那样，要么必须用某种筛子将这些微小的食物从水中过滤出来。这些食草动物选择多大的体型是由这一机制中的一些基本原则决定的。它必须十分小，并且作为体型小的直接结果，它的身体构造必须尽可能简单。它可以不拥有用于思考的大脑，可以没有能真真切切看到事物的精巧眼睛。它只需要利用某些简单的机械规则在这片阳光普照的空旷空间中捕猎。于是，我们才能见到食草的桡足动物之类的动物，或许还包括鲸会吃的那些磷虾大小的动物。

◀94

当然，我所提到的这些"选择"都是由自然选择做出的。这一过程不经任何有意的设计，也不受自由意识的影响，但是植物的大小和习性确实决定了选择的结果，我们可以看出这些选择应当是什么样的。一旦这些选择被做出，我们就能看到自然选择面前有哪些新的可能性。首先，食肉动物可能会捕食这些以植物为食的次级捕食者。它们必须在这片空旷的海域里谨慎地行动，寻找稀稀落落分布着的猎物。它们需要更加高超的捕猎技巧，并且它们的身体更大也更复杂。它们还必须面对一个残酷的现实：自然选择迟早会创造出更加凶猛的动物，而这些动物会在这片没有遮挡也无处躲藏的明亮开阔的空间中互相猎杀。

位于食物链上层的鱼类，无论它来自哪片海域，或是从什么物种进化而来，其身体下部通常都是银色的，上部则是深色的。显然，它们是用眼睛定位猎物的动物。很多较大型的动物在白天的时候会蛰伏于海洋深处。那里没有食物，但是它们的敌人也不会发现它们。它们只会在夜间前往海面以猎食聚集于植物周围生活的浮游生物和小型鱼类。

因此，海洋生态系统是依靠与陆地生态系统截然不同的模式建立起来的。海洋生态系统在适应严酷的客观条件方面所能做的更为有限。陆地森林中的生物能够调节养分的供应，提供荫蔽、实体藏身处，而这些都是海洋生态系统所做不到的。在营养供给和栖息地方面，远洋中的生物必须尽可能利用那些被动的物理和化学机制所提供的资源。我们所见到的并不是一个标准的栖息地，而是一个充斥着捕杀与被捕杀的生态系统。在这里，动植物必须适应如同荒漠一般的生活环境，即一片悬在无底黑暗之上的透亮水域。

当人类进入海洋搜寻食物的时候，他们能收获的食物量就是一个荒漠能产出的食物量。这意味着，无论这片荒漠的面积有多大，他们的收获都不可能很多。但实际情况还要更糟糕，因为他们既无法收获那些微小的植物，也无法捕到以这些植物为食的小型动物。在大多数情况下，他们甚至无法捕到以这些植食动物为食的动物，他们能捕捞得到的只有处于食物链顶层的那些动物。正如我们已经了解到的，在食物链的每一个环节上，都有大约90%的原始食物卡路里早就被消耗殆尽。

当我们在大海中捕鱼时，我们可收成的食物量甚至不比一个贫瘠荒漠的产量多。我们只能得到荒漠收成的10%的10%的10%。最佳估算值表明，我们当前的渔获量已经非常接近海洋能承受的极限。

第十章

大气的调控

　　在序章中，我们曾谈到过地球大气中的气体混合物是多么独一无二。我们在太阳系中无法找到任何类似于地球大气的存在，太阳系中的其他星球要么被甲烷之类的碳氢化合物、氨气和二氧化碳所构成的浓雾笼罩，要么周身只缠绕着一层薄得可怜、同样由这几种物质构成的恶臭有毒气体。但是在地球，氧气就在我们周身流动。这种气体能够参与我们的生命化学反应，而惰性的氮气作为一种重要的稀释剂能够对氧气进行补充。除了氧气和氮气，大气中还恰到好处地存在两种至关重要的低浓度气体：二氧化碳和水蒸气。要不是我们已经知道了它的存在，我们很难想象在一个漂浮于太空的星球的表面会存在如此奇特的气体混合物。我们有充分的理由怀疑，生命本身就与这种奇特的混合物有关，生物甚至帮助该混合物保持其浓度的稳定。

先说说氮气。如果地球大气失去大部分这种惰性稀释气体，我们周围的一切可能都会燃烧起来。我在化学方面不够精通，因此很难假设在剩余的大气气体中会发生怎样的新的化学反应。要研究大气的化学反应过程，我们很难从现存的肉眼可见的生命入手。我们需要惰性的氮气，尽管它是惰性的，很多生命还是在努力地从我们的大气中取走氮气。这些生命被称为"固氮细菌"。

我们最早是通过农民的经验才得知固氮细菌的存在。很久之前流行着一种名叫"休耕"的习俗，意思是农民在一片田地上耕作两到三年之后，要闲置这片土地一年。那些年复一年不停在同一片农田耕作的农民会发现他们的收成很少。这片土地只能在两到三年内保持高产，随后它似乎就厌倦了被剥削，进而选择罢工。但是只需要奖励它一年休息，它就会重新开始生产。如果这片土地每三到四年有一次休耕的话，那么它就能始终保持高产。于是农民会得出结论：他们必须"要让它休息一段时间"。与人类劳动之间进行简单类比就能让聪明的农民施行成功的土地管理。在一年的休息期中要达成的最重要的一件事就是固氮细菌从空气中攫取氮气，将其与氧气牢牢结合以生产硝酸盐，随后再把这些硝酸盐肥料馈赠给土壤。

固氮细菌可谓我们了不起的"仆人"。全世界的中学生都被教授过关于豆科植物（如豌豆、蚕豆和大豆）根瘤的知识，而根瘤就是这些固氮细菌所生存、工作的地方。固氮细菌能够生产氮肥从而促进农作物的生长。它们会持续地从空气中去除氮气，倘若它们的工作彻底完成，它们就会终结地球上所有的生命。

硝酸盐是一种稳定的物质。我们尚不清楚它为什么不像与它化学性质类似的碳酸盐那样会在地表聚集成大山。石灰石形式的碳酸盐，也就是碳酸钙，造就了多佛尔白崖以及许多其他地区的山脉。的确，硝酸盐比碳酸盐更易溶于水。按理来说，这应当导致大海中出现类似于碳酸盐岩礁的硝酸盐岩礁。这些友善的固氮细菌的辛勤努力理应导致氮气和氧气都从空气中被提取，在陆地上堆积成白色的山脉，同时又在海中聚集成白色的晶体岩礁。此时，我们头顶上剩下的应该只有恶臭气体了，十分类似于火星上空那层薄薄的有毒混合气体。就我们目前所知，我们能逃过此般厄运的唯一原因就是其他细菌的活动。

◀98

这些"其他的细菌"一般生活在淤泥、沼泽、被污染的湖泊底部以及肥沃河口的沉积物中。它们以这些地方聚集起的丰富养料、浸着水的有机物以及多种与有机废物相关的化学养料为食。对于体内化学机制已经奇特到能够让它在其间生活的动物来说，沼泽和湖泊里的黑泥无疑是一个富得流油的储备粮仓。然而，在这些生物面前，依然有一个巨大的障碍需要克服：沼泽底部没有氧气。在没有氧气的情况下，动物是无法燃烧这些有机养料来生产热量并完成各种生命活动的。自然选择提供给这些地方的细菌的解决方案，就是从硝酸盐中提取氧。

在沼泽底部，硝酸盐会经多种途径被分解，而其中大多涉及有硫化物的反应，这就是为什么沼泽底泥会散发出硫化氢的特征性气味。但是，所有反应都基于同一个基本原理：细菌从硝酸盐处借来氧，从而使氮从氧化键的束缚中被解放出来，继而以氮气的形式回到空气中。氧最终则主要以二氧化碳的形式释放，有时也可能形成一氧化碳或某些较为罕见的气体。淤泥中细菌活动的结果就是它们重新补充了我们的空气。没有它们的辛勤工作，地球的生命系统将会停止运转。

99 ▶

把氮气还给我们的细菌同样也是氧气的重要提供者，因为它们的生命活动会让硝酸盐中的氧重新回到大气。不过，绿色植物是更加重要的氧气来源。在运行其太阳能工厂的过程中，绿色植物始终在生产氧气，因为它们会利用二氧化碳和水来生产糖，而这一过程势必会产生一定量的氧气。地球上所有的绿色生命都在稳定地制造氧气，植物每年制造出的氧气要比沼泽中的细菌制造的氧气多出许多。

绿色植物可以说是地球上最重要的氧气来源，但是我们还发现，有一个物理过程也在制造氧气方面起到了促进作用。在大气圈上方，太阳发出的射线仍然较为致命。在这里，水分子会裂解为氢和氧。较轻的氢气会散逸进外太空，而较重的氧气则会留在大气层内。但是我们并不知道地球每年能够通过这种方式获得多少氧气。对此，很多科学家的本能反应都是植物肯定更加重要。我们所拥有的最接近的模型也确实表明，早期地球的空气中是不存在任何游离氧的，而为地球带来氧气的正是第一批植物。因此，我们星球上这种不寻常的空气的存在本身就是最为壮观的生命活动之一。

于是，我们开始意识到，我们星球上这种不寻常的大气成分其实是由我们身边的生命所调控的。维持大气组成是地球上所有生态系统的联合功能之一。既然如此，我们就不得不反思我们正在对这些生态系统造成的大规模破坏。如果我们不小心毁掉了这个氧气维持系统中最为重要的那部分呢？那些警示过生态灾难的发生的人认为，我们将面临的最为惨烈的报复可能就是氧气供应的缺乏，除非我们能改善我们的技术方法。

◀100

　　简单来说，对缺氧灾难的构想是以海洋遭受的毒害为现实基础的。该观点认为，无数装满除草剂的船只在全世界的海域上航行，其中总有一两艘会沉没，除草剂会因此在海洋中扩散并杀死众多海洋植物。这种观点看似言之有理，以至于所有热爱我们的地球的人都想要阻止这些满载除草剂的船只在全球海洋上航行。这种观点的支持者进一步指出：失去这些海洋植物将严重妨碍对我们的大气起调控作用的机制正常运作。从这里开始，这个观点就走向歧途了。

　　我们一度认为，海洋植物的生产量占全世界植物总产量的很大一部分。有些低年级的生物学课本仍然坚称：70%——甚至90%的光合作用都发生在海洋里。如果事实如此，那么杀死海里的所有植物将导致超过70%的对我们至关重要的氧气泵不再运转。可是世界上绝大部分的氧气生产并不是在海洋里发生的。我在前两章里就曾写道：海洋是一片片严酷的荒漠，所有海洋植物的产能加起来也只占全球植物总产量的25%，而非70%。即便人类再愚蠢放肆，也不太可能会杀掉海洋里的所有植物。一旦我们这么做，每年的氧气恢复量就会锐减四分之一，与此同时海洋中将出现持续的死亡，不再有任何生命存活。

如果我们在杀掉海洋植物的同时杀掉所有陆地植物，那就不会再有绿色植物能够产生氧气了，接下来的情形又会如何呢？显然，我们会饿死。那从学术的角度来看，杀光植物会对氧气供给造成哪些影响呢？我们不妨进一步假设：我们还把全世界所有沼泽和泥塘清空了，这样细菌也无法再用硝酸盐来生产氧气。此时，

101 ▶ 除了上层大气中的水解，我们已经摧毁了所有已知的生产氧气的机制。如果我们假定上层大气中的物理变化实际上并不重要，那么也就不难设想在失去现有的氧气泵后世界最坏可能会变成怎样一幅图景。所有的植物都死了，所有的产氧细菌都失去了家园，那么大气又会发生怎样的变化呢？

至少在短期（比如说几个世纪）内，不会有什么特别的变化。这是因为与各个地质时期积累下的庞大氧气储量相比，所有生物泵的总产出显得十分渺小。地球化学家华莱士·布勒克（Wallace Broeker）通过统计数据直观地证实了这一观察结果。他分布计算了氧气储量以及地球表面单位面积下的一般氧气输送量。他假想地球表面上立着一个看不见的柱体，其底边宽一米，横截面为正方形。这个柱体一路向上延伸，穿过大气层直达外太空的真空之中，并可容纳6万摩尔的氧气。由于大气中各种气体混合得很均匀，因此无论这根柱子是在陆地上还是海洋中，它都会容纳6万摩尔的氧气。这个柱体底部的年氧气产量会因地而异，如果这个柱体坐落在陆地上而非海洋中，那么其产量显然会高上许多。但是在柱体底部，生物每年的氧气产量平均只有8摩尔。储量为6万摩尔，而年产量为8摩尔。显然，即使氧气生产停止个好些年，

我们也很难察觉到任何异常。

　　就算我们等上很长时间，杀掉所有植物并消灭地球上的所有生命也不太可能对大气造成任何可以探测到的影响，因为这时空气中的氧气虽然不会得到补充，但它也不会被显著消耗。我们的尸体都会腐烂，而腐烂的过程是要消耗氧气的，可其实只需要不超过几十摩尔每立方米的氧气就足以把一切都转化为二氧化碳气体，包括人类、植物、细菌、动物、土壤腐殖质。随后，这种独特的氧气和氮气混合的气体将会继续在生命都已死绝的地球上空徘徊，而与此同时生命又会静悄悄地复苏。◀102

　　那些警告人们现代工业可能会毁掉我们的大气、自诩为生态行业代表的人四处散播着他们的谬论。他们需要好好回顾一下"狼来了"的故事，那对大家都有好处。

　　现在，让我们再好好瞧一瞧那个充满争议的结论：尽管大气在长期来看是受生物活动调控的，甚至我们猜测大气原本就由古代生态系统缔造，但如今，日积月累下来的氧气储备已经庞大到几乎不需要任何生命过程来补充。然而，为了确保这个令人安心的结论安全无虞，我们还是需要所有生命过程的，而且不仅仅是其中制造氧气的那些。举例来说，如果沼泽中只有固氮细菌在工作而其他细菌不工作，那么硝酸盐岩石山可能会拔地而起。当然，这要花上以地质年代为计量单位的相当长的一段时间。要选择性地消灭这类细菌着实非常困难，因此在处理氧储量方面留给我们的容错空间实际上并不多。从规模上看，任何我们已知的生命过程或是非生命过程都无法与最初大气从氧气和氮气中的诞生相提并论，因此无法对其造成太大影响。

　　大气中的二氧化碳供应同样以微妙而精巧的方式被调节着。二氧化碳在大气中的平均浓度大约为 0.03%，只有现代分析实验室里的精密仪器才能精确测定如此低含量的气体。一系列复杂的相互作用使得二氧化碳能够在大气中维持这样一个微小的浓度，就好似海洋中的养分供应能始终保持稀少而稳定一样。

103 ▶

　　全球海洋中溶解了 50 个标准大气压的二氧化碳。二氧化碳易溶于水，因此它在海洋中已经基本达到饱和。溶液在达到平衡过程中发生的化学反应可能会有些许复杂，因为二氧化碳溶于水的同时涉及碳酸、碳酸盐和碳酸氢盐的产生，不过这并不会产生太多影响。溶解于海洋的二氧化碳有空气中的五十倍之多。由于大气和海洋能够相互接触，因而两者之间会发生某种自由交换。

　　海洋中 50 个大气压的二氧化碳充当了大气的稳定器。如果空气中的二氧化碳被耗尽，海洋就会失去部分气体以对大气进行补充；若某些变故让空气中二氧化碳的含量过高的话，海洋就会吸收掉那些多余的气体。因此，空气中 0.03% 的二氧化碳本质上是空气和海洋之间的化学平衡的结果，而这种平衡按理很难被打破。不仅如此，这个稳定器还会稳定其自身。

　　海洋不仅通过吸收来自空气的二氧化碳来收集碳酸氢盐和碳酸盐，还在雨水不停冲刷陆地上的石灰岩的同时，依靠河流将碳酸氢盐和碳酸盐回收。过量的碳酸氢盐和碳酸盐会像其他进入海洋的难溶物一样在海洋中沉积。如今我们已经大为了解海洋中的碳酸盐沉积物，正是它们构成了珊瑚礁和白色的钙质软泥，而这些物质终有一天会变为多佛尔白崖那样的白垩岩假山。如同上一章中叙述的养分循环，碳酸盐也处于无尽的化学循环中。循环让溶解于海水的二氧化碳的浓度能够始终保持在 50 个标准大气压的水平，从而充当了海洋碳酸盐储库的稳定器。因此，大气中二氧化碳的浓度是通过大气和海洋间的溶液平衡来维持一个稳定而相当低的水平的，而它在海洋中的浓度则可以通过多余碳酸盐在海底沉积的过程来保持稳定。

◀104

这一切都是被动的化学过程，是一个调控着空气中二氧化碳浓度并决定生命要在何种条件下生存的系统。和氧-氮循环一样，生物会参与这个系统中的某些阶段，特别是那些参与建造珊瑚礁的和它们微小的钙质骨骼会沉积在海底软泥里的动植物。在现实情况中，这个过程很可能并不需要生物的参与，因为碳酸盐多是通过简单的化学途径来沉积的。即使珊瑚没有建造珊瑚礁，碳酸盐也会以某种方式会脱离海洋，而碳被分解而出的过程可能会发生在其他地方。生态系统没有参与二氧化碳供应的调控，负责这项工作的其实是物质系统，生态系统中的生物只能在现有的条件下将就着过活。

所以，我认为大气调控的绝大部分是由某些化学和物理过程完成的，而这些过程就发生在地球表面阳光充沛的区域。所有生命都适应了这些过程为它们创造的条件。特别要说的是，人类不计后果的各种活动似乎并不能严重威胁它们的气体供应量。

然而，在二氧化碳供应的问题上，有一个现象我们必须要警惕。如今，我们使用石油和煤作为主要燃料。在我们燃烧这些燃料的时候，我们会向大气输送新的二氧化碳。当然，这些二氧化碳在百万年前原本也存在于大气中。当利用二氧化碳制造糖的植物死去时，它们不会腐烂，而是被封存在煤炭或是石油当中。同时，由此导致的大气损失会通过海洋稳定器来补偿，而这一点点缺失随即就会被系统"遗忘"。如今，当我们燃烧这些燃料时，这些来自远古时代的二氧化碳摇身一变，作为一股崭新的气体汇入大气之中。我们预计将在一两百年内耗尽地球上所有的煤炭和石油储备，这些燃料会产生几个大气压的二氧化碳，因此我们正在倾尽全力地将大气中的二氧化碳浓度翻上一番。

当地球化学家最初思考燃烧化石燃料可能会带来怎样的结果时，由于复杂的稳定器系统的存在，他们没有发现任何值得警惕的地方。他们认为，无论过去还是现在，海洋毫无疑问能够应付这种情况。几个大气压的二氧化碳与海洋中已有的 50 个大气压的二氧化碳或是石灰岩山丘和珊瑚礁里封存的 40 个大气压的二氧化碳相比不值一提。所有因我们燃烧化石燃料而来的二氧化碳都将进入海洋，进而被海泥吸收。当所有燃料都被耗尽、我们的文明也消失的时候，大气中二氧化碳的体积分数又会被正正好好调回0.03%。这是毋庸置疑的。只是最近地球化学家对空气中的二氧化碳进行测量后所得到的结果同样令人震惊。

数年来，地球化学家一直在南极洲和夏威夷的高山上记录二氧化碳的浓度。他们之所以选择这两个地点，是因为它们远离重工业地带且较为多风，它们应当不会受到工厂烟囱喷出的浓烟的影响。这里的空气可以作为全球空气的典型。在这两个地方，二氧化碳的浓度正在逐年稳固地升高。我们可能有点儿过于信任我们的海洋稳定器了。

我们的海洋稳定器到底出了什么问题呢？答案很简单，就是海洋需要花上一些时间才能吸收掉过量的二氧化碳。海洋和空气之间毫无疑问能建立起新的平衡，但是海洋必须经历充分的搅动才能让溶解有过量二氧化碳的海水达到海底，并保证有其他海水能与其轮换，从而让更多的二氧化碳得以抵达海底。海洋有 5 英里（约 8 米）深，风只能慢慢地搅动海洋里的海水。实际上，要将海洋翻个底朝天需要花上一百年的时间。

因此，海洋稳定器还是在运作的，只不过对人类而言，它的速度很慢。最终，它将吸收掉所有来自化石燃料的污染性二氧化碳，并将它传送到海泥中。与此同时，稳定器所承受的负荷已经超出它能处理的极限，因此大气中会短暂地累积过量的二氧化碳。可能性最大的结果就是在海洋吸收二氧化碳的速度开始追上二氧化碳增加的速度并使其浓度逐渐恢复原有的水平之前，大气中二氧化碳的浓度差不多已经翻了一番。

因此，我们大气中二氧化碳的体积分数将从大约 0.03% 增加至 0.06%。这对生命来说还称不上灭顶之灾。话虽如此，二氧化碳浓度的增长势必会带来某些影响。真正让我们担忧的是我们并不清楚这究竟会带来怎样的长远影响。我们正在进行有史以来最为庞大的生态学实验：将整个星球的大气中最为重要的一种气体的浓度翻上一番。然而，我们并不是十分清楚我们这样做的后果是什么。

第十一章

当代湖泊之谜

> "你还要我注意其他一些问题吗？"
>
> "在那天夜里，狗的反应是奇怪的。"
>
> "那天晚上，狗没有什么异常反应啊。"
>
> "这正是奇怪的地方。"歇洛克·福尔摩斯提醒道。
>
> ——阿瑟·柯南·道尔《银色马》

　　诗人所向往的湖泊大都是清冽纯净、深不可测的蔚蓝湖泊，它们很可能就坐落在远离工业城市的阿尔卑斯山区或是其他山区，而这样的湖泊势必缺乏养分。它们可能占据了高山冰川所遗留下的空位，它们也有可能被不怎么产出养分的高山草甸所环绕。这里的湖水和海水一样蔚蓝，阳光会穿过生物鲜少生长的清澈水体并使湖面反射出粼粼波光。蔚蓝水体、冰冷和贫瘠的同时存在并不矛盾。可是，科学家并不喜欢他们的观察结果被其他人理解，所以他们称养分稀少的湖泊为"贫营养的"（oligotrophic）。这个词在希腊语中也是同样的意思。

美丽、无用且贫营养的湖泊当然也会在冬天结冰，此时湖水从湖面到水底都是冰冷的。等到春天，湖冰融化，春风会吹拂湖水。这意味着冰冷贫瘠的湖水会拥有由风带来的丰富氧气。

◀ 108

在风平浪静的夏日，阳光持续加热湖面。于是，被加热的水体开始膨胀，湖水会变得更轻并浮在湖泊表面。很快，湖面上将出现厚厚一层被加热过的水体，这部分湖水就像水坑表面的浮油那样浮在冰冷的下层水体之上。于是，湖泊被分为了两层：上层是温暖的，而下层是寒冷的。一般强度的风是无法将这两层湖水混合在一起的。想通过风将温暖的上层湖水送向冰冷的深处，无异于一个游泳者尝试让一个大大的橡胶球沉入泳池底部。任何尝试过的人都知道这是不可能的，因为这个球就是坚决地不肯沉到底部。同理，湖泊表层温暖的湖水也非常固执地浮在上方而不会轻易因外力下沉。

对于任何生活在这种湖泊中的生物而言，这个湖泊此时已经被分为两个几乎独立的部分：湖泊上层更加温暖，湖水会在气流拂动下泛起阵阵涟漪；下层湖泊则是寒冷、静止的，一层由温暖湖水构成的看不见的浮顶将这里完全与空气隔绝开来。

所有的动物，哪怕是水生动物，都需要氧气，而氧气的首要来源依然是大气。与大气中游离的氧气隔绝开来可能会带来某些严重的后果。如果存在一个专门负责对大自然的规划进行批判的评论家，他可能会说：选择生活在湖泊深处显然是非常危险的。
然而，还是有少数动物成功占据了在贫营养湖泊深处生存的生态
位，湖鳟就是其中之一。虽说湖鳟会前往湖面捕猎，但是在大多
数时间里，它都会留在湖泊深处。湖鳟能成功逃离在湖面捕猎这
一危险的行当，是湖泊贫营养的间接结果。也正是因为缺乏养分，
湖水才能泛出优美的蓝色。

如果水体缺乏营养，那么只有极少量生物能够在其中生长。
贫瘠的湖泊就和远洋一样，只有少量的浮游植物和一点点以这些
植物为食的动物在此生活。由于只有极少量动物生活在贫营养湖
泊中，湖中生物对氧气的需求也很低。生活在大湖中的少量鳟鱼
能够利用春天湖水相互混合时进入水中的氧气挺过夏天，不过人
们猜测当十月的凉爽空气和清风戳破漂浮在湖泊顶部的温水气球
并使湖水再度混合时，鳟鱼家族的女族长大概也会长舒一口气。
然而，就算湖泊蓝得赏心悦目至极（也就是说它非常贫瘠且几乎
派不上用场），生活在那里的少量鳟鱼可能也会发现除了水体内的
氧气储量，它们还有自己私人的氧气储备。

当一个湖泊过于贫瘠而呈现蓝色的时候，阳光将穿透湖水直
达湖底，有些微小的浮游植物因而能够生活在湖泊深处较为寒冷
的水体之中，其中有一些甚至可以生活在湖底。在湖底，湖水是
如此冰冷，营养物质是如此稀少，因此植物的产量并不会很高，
不过，它们的工厂还是会慢吞吞地运作。在它们制造糖分的过程
中，它们会向湖水释放少量的氧气。所以，"作为鳟鱼生存"以及
其他在寒冷湖水中生存的生态位能够依靠这些氧气储量继续存在

于这个湖泊中。

许多湖泊，甚至是某些位于温带北部的湖泊，都非常富饶。这些湖泊富含营养物质，而这些物质是通过排水从周围的优质土壤进入湖泊的。它们因生活在其水面以及水中的生物而呈现浑浊的绿色乃至褐色。它们永远不会是蓝色的。它们极为高产，每英亩产出的食物量甚至多过最好的良田。这些湖泊好似中世纪修道院的僧侣所挖出的池塘，这样一来，僧侣们在周五就不缺鱼吃了。这些湖泊会呈现这样的外观，能创造如此高的价值，显然是因为它们含有丰富的营养物质。于是，为了在门外汉面前藏住这一意义深远的真相，我们这些专业人士会称这些湖泊是"富营养的"（eutrophic），而这个词在希腊语中是"富饶"的意思。

和其他湖泊一样，富营养湖泊也会在冬天结冰。此时，湖中的生物会关闭自己的工厂以等待更好的时机。这些湖泊在春季多风的日子里会得到充分的搅拌，直到所有的湖水都变得冰冷且充盈着氧气，而这些氧气就是在湖水被轮流翻搅到湖面上的时候被吸收进水体的。随后，在宁静的夏日里，湖泊将分为两层，漂浮在上方的上层温水使下层的冷水完全与大气隔绝。但是在富饶的湖泊中，这种分层所导致的结果与在贫瘠湖泊中截然不同。

◀110

在温暖丰饶的上层湖水中生活着大量生物。微小的浮游植物将聚集在顶层，就像密林中奋力生长的树木那样争先恐后地迎接来自上方的阳光。如果这个富营养湖泊的营养物质非常丰富，那么将会有大量蓝绿色的藻类漂浮在水体的顶部。这些植物已经多到能遮住整个湖面的程度，以至于水下深处完全见不到阳光。

在夏季，富营养湖泊的底部往往一片漆黑。没有植物能在湖底生存。这意味着生活在其湖底的藻类和贫营养湖泊深处的藻类一样无法提供任何氧气。唯一可用的氧气只有春天时所积累下来的储备。乍看起来，这似乎也没什么太大问题，只要水体能够继续保持寒冷，也许在其中生活的一两条鳟鱼就能够利用这点氧气储备挨到凉爽的十月，甚至它们还能偶尔浮上水面，尝到在头顶上的生物带捕猎的甜头。可惜鳟鱼以及其他冷水动物并不能将这些氧气据为己有，而腐烂的尸体会像棕色的雪花一样从上方的暗影中簌簌落下。

任何存在大量生命的地方，也会存在大量的死亡。在接近富营养湖泊表面的区域生活着大量生命，但这些生命群落并不会承担起处理大量尸体的繁重工作。它们会利用重力抛弃这些尸体并送向下方与外界隔绝的冰冷湖水。尸体会在那里腐烂，以尸体为食的细菌在吃掉它们时会消耗大量的氧气。这些细菌从储库中攫取了这些氧气。如果这个湖泊的营养实在丰富，那么这些细菌很有可能会在夏天结束前就耗尽水体中的所有氧气，而其他任何需要氧气的生物（包括鳟鱼）都会死掉。

因此，我们这个时代存在一种奇怪的矛盾：人们既喜欢丰饶、高产的田地，又希望地球的湖泊能够保持贫瘠和低产。他们常常会满怀激情地为贫瘠湖泊的优点辩解，并谴责向湖泊投入磷酸盐或者粪肥的人，说他们是典型的污染者（从字面上理解，就是制造脏污的人）。他们借用科学术语来让一切听上去更加糟糕，他们指控使用肥料的人犯下了使湖泊"富营养化"的重罪。可是，在农田里使用磷酸盐和肥料的人其实是在为公众做好事，在他的圈子里他会是一个备受敬仰的人物。富营养的田地是"好"的，而富营养的湖泊是"坏"的。

人们希望湖泊保持低产一定程度上是因为蓝蓝的湖水很好看，而捕捉鳟鱼也是个有趣的消遣。此外，还有一个原因在于营养丰富的富饶湖泊往往会散发出臭味。众所周知，散发臭味是尸体的一种特质，生活有大量生命的富饶湖泊也注定会产生大量的尸体，正是这些尸体让湖泊散发出难闻的味道。如果一个人拥有一座湖边小屋的话，那么他厌恶这种气味是理所应当的。然而，如果他生活在一座修道院或是别的集体之中，那么这种不好闻的气味只是为丰厚的鲤鱼收成所付出的一点微不足道的代价。在这些社群中，铲肥、施肥的人将得到无私奉献的好名声。出于卫生方面的考虑，甚至可以在这些地方使用非人类的粪肥，但这不属于我们在湖泊肥力方面的讨论范畴。

通过粪肥和磷酸盐来污染湖泊不仅仅意味着会杀死鳟鱼、导致藻类大量生长或者让湖水散发出臭味，一个广为流传的观点认为，这也是一种不利于生态系统的行为，对湖泊施肥会造成明确的、不可挽回的伤害。一本新闻杂志曾以《谁杀死了伊利湖》作为头条报道的标题，而它的作者认为自己所表达的不单单是"谁杀死了几条鳟鱼"。湖泊系统的研究者本身也需要为"杀死湖泊"这类言论负责。接下来，让我们看看他们到底想要说什么。

让我们重建一下典型的贫营养湖泊的蓝色水体：这里的深水区在整个夏天都含有氧气，甚至连这个湖泊的底泥也有氧气可用，

◀112

并且湖泥通常会是红褐色的。红色来自锈样的氧化铁。与之类似，湖泥中所有其他与水接触的活性矿物质都会被充分氧化。湖泥中被氧化了的矿物质能够和磷酸盐、钾盐、硝酸盐之类的物质牢牢结合。当营养物质进入贫营养湖泊的时候，它们大多会被湖泥吸附并被扣留在湖底。无论河流将多少营养物质带入海洋，正是这样的一个系统让蔚蓝的大海永远保持贫瘠。贫营养湖泊也具有一套能够让它保持贫瘠的化学系统。这也是为什么上万年前由冰川融化形成的湖泊至今仍能保持蔚蓝。

如今，我们不妨再考量一下富营养湖泊在夏日时分的状态。这个湖泊的下层水体中不含任何氧气，因为细菌在分解尸体的过程中已经把它们都耗尽了。因此，其湖泥同样也会失去氧气并呈现灰色。如果你用一根木棍搅拌湖泥的话，你就会闻到硫化氢气体的味道。这样的湖泥通常比被彻底氧化了的湖泥更具有化学活性，而且它具有一种特别的性质，就是能让营养物质溶解。营养物质会同尸体一起落在富营养湖泊的底泥上，然后湖泥会让它们溶解并将它们送回水体。一旦一个湖泊的营养物质开始变得丰富，那么它很有可能会一直保持这个状态。

由此可知，富饶湖泊和贫瘠湖泊的化学系统是截然不同的。在每一个湖泊中，系统都会努力维持湖泊的现状。因此，我们会担心，通过加入大量养料强行让贫瘠湖泊中的化学机制发生重大转变是否会造成某些无法挽回的、让人类后悔的伤害。这也许能解释清楚为什么有些湖泊卫士会感到担忧，但仍不足以让我们起一个"湖泊之死"这样的标题。为此，我们需要好好思考一下在过去的岁月里，湖泊究竟发生了哪些变化。

湖泊每年都会变得比之前更浅。这是所有湖泊的宿命，就和人固有一死一样。淤泥会年复一年地在湖底堆积，直到这个凹坑被彻底填满，而湖水被完全排出。位于北美洲和欧洲的典型冰川湖都因为这一过程而失去了一半的湖水，倘若不再出现一次冰期将淤泥整个挖出的话，这些冰川湖将在一万五千年后彻底消失。湖泊的衰老指的就是淤泥不断向湖中填充的过程，而杀死一个湖泊就是用淤泥将它彻彻底底地填满。

如此一来，深水中的生物以及生态系统确实是最先感受到湖泊衰老的过程的。在夏天，还是会有同样厚度的表层水体被太阳光所温暖，从而与底部水体相分隔并漂浮于其上，因此就算两千年的时光过去，上层湖泊的体量依然不会发生什么变化。只有寒冷的下层湖泊每年都在缩小。随着下层湖泊变得越来越小，它的氧气储量也会随之降低。终有一天，这些下层湖泊中的氧气储量将在夏天结束之前便消耗殆尽，哪怕是在那些有史以来就贫营养的湖泊之中。在这至关重要的一年里，氧气将第一次离开下层水体，而湖泥将第一次失去它的氧气，同时营养物质也将第一次从湖泥被大量地释放入水中。　　　　◀114

因此，这一过程所导致的一个结果就是在贫营养湖泊衰老期间，湖泊会开始抽取储存在湖泥中的营养物质并将它们聚集在水中。此时，比起让它保持低产的化学系统，湖泊需要的是能提升它自身肥力的系统。用湖泊研究者那些烦人的术语来讲："一个贫营养湖泊能够通过填积过程变得富营养。"

这就是为什么有些作者会把用肥料污染湖泊说成"人为老化"。他们声称：如果人类放任湖泊不管，等到湖泊衰老的时候，它会自然而然地变得丰饶起来，而我们正在通过让它提前变得丰饶来迫使它进入老年阶段。我们应当清楚这些作者错得有多离谱。湖泊自然老化的意思是用淤泥填平湖泊，而这样做的结果之一就是湖泊最终变得营养丰富起来。向湖水加入肥料可并不等同于用淤泥填平湖泊！

伊利湖并没有死掉，它也没有以加快的速度老化。其他深受磷酸盐、污水和垃圾之苦的湖泊亦是如此。它们只是过去很贫瘠，而如今很丰饶罢了。它们并没有正在死去。它们只是容纳了太多的生命。这才是问题所在。

不过，虽然用肥料污染湖泊并不会使其衰老或杀死它，但这种行为还是会造成某些激烈的变化，毕竟我们已经指出过，湖泊倾向于保持原有的肥力水平。一旦我们让一个湖泊变得富饶起来，评论家们可能就会抬起他们的食指，指向我们："这就是你做的好事。"但事实并非如此。要想让富饶湖泊保持富营养，系统需要较多来自外界的帮助。

所有湖泊，特别是富饶的那些湖泊，会将其居民的尸体埋在它们的湖泥里。当然，这些尸体大多会在细菌的作用下腐败、分解，并被重新释放进水中。但总会有那么一些尸体被埋进湖泥里，而一些化学营养物质会随这些被埋葬的尸体直接进入湖泥。矿物沉积物同样也会将营养物质拖拽进水底，甚至是水下完全不和氧气接触的恶臭湖泥中。这些沉积物会与某些营养物质牢牢结合，它们会确保这些物质都被好好地埋了起来而且永远不会被重新释放进水体。没有哪个富营养湖泊能完全依靠自己来保持富饶，这是因为它从外界接收到的养分必须和它埋在湖泥中的一样多。所以，如果我们通过污染湖泊来让它变得富饶的话，我们必须持续地对它进行污染以确保它能够保持富饶。一旦我们停下，这个湖泊就会失去它的富饶。

湖泊是一种自净系统。只要我们不继续向任何已被污染的湖泊中排放污水、肥料、清洁剂和垃圾，不需要依赖任何技术，它的水体也能自行恢复洁净。根据湖泊大小和水体流速的不同，这个过程可能会花上几年到几十年不等。杀死湖泊的唯一方法就是把它填平。

一两个世纪之后，当所有化石燃料和磷酸盐岩都被耗尽的时候，所有被污染的湖泊都将恢复到它们原本的状态。如果我们现在就让某些湖泊保持贫瘠，而那些喜欢食物稀少的冷水的动物也不会因湖泊贫瘠而走向灭绝的话，那么剩下的那些湖泊在短期内的状况也就没有那么值得我们担忧了。

◀116

第十二章

演替问题

> 和有机体一样，群系也会经历诞生、成长、成熟以及死亡……此外，所有顶级群系都有再生功能，会以基本的准确度复制其发展的各个阶段。群系的生活史是一个既复杂又明确的过程，它与单个植物的生活史具有相似的主要特征。
>
> ——克莱门茨《植物演替：植被发展的探讨》(1916)

如果规划者真的能够控制我们的话，他们就会扼杀所有个体的自由并按照他们的心意来安排我们的土地。他们可能会决定让那些满是劣质农田的国家退耕回森林。倘若他们有足够强的警力和大量武器，他们就能够做到这一点。他们或许会在原本属于作物的农田上翻耕，种植上一排排整齐到令人感到压抑的树苗。他们会用锄头在树苗之间锄掉杂草，撒下肥料，在树苗上喷淋各种各样的有毒化学物质。只消一棵树一生的时间，森林便会拔地而起。

不需要锄头或者化学物质，自然也能让农田重新变为森林，只是它通常需要较长的时间才能完成这项工作。自然会以相对迂回的方式一点一点地构建森林，先是种上野草和灌木，然后才是种类不断变化的树木。一旦由森林开垦而来的农田被废弃，这片土地首先会成为野草的地盘。大约两年之后，会有另一群更加强韧的草本植物接管这里，比如我们时常看到的齐膝高的紫菀草甸，或是能够让牛马徜徉其中的麒麟草或是牧草。这片土地会在几年之内一直保持这副模样，随后它会开始变得愈发像一片荒地，上面长着小片的荆棘，在某些地方甚至还会长出零星的矮小松树。我们可以在很多西方大城市的郊区发现这种典型的再生荒原。房地产运营商们会有意地在郊区空出一些土地，荒弃到这里的地价适合建造房屋。之后，只需要一二十年，这片荒地便会发展成一片茂密的灌木林。然而，我们需要等上很长时间才能看到一些幼小的森林树木开始扎根于郁郁葱葱的灌木林间。

◀117

我们甚至能够在我们一生的时间内见证一个废弃的农场如何重新被林木所覆盖，但是等到第一株属于原来野生森林的树木重新出现在这片土地上的时候，我们可能已经十分年老。野草和茂密的带刺灌木就是森林复生的序曲。尽管森林树木的潜在亲代可能一直作为树篱环绕在这片田地的四周，甚至可能零星地分布在这片田地上，从而为农夫和他们的马匹提供可以休息的阴凉处。不过，只有那个长满杂草的初级阶段结束之后，幼小的森林才会出现在这片土地上。护林员可能会在第一年种下一些森林树木，自然更是已经设计好一套更替的流程，使这片土地被其他植物轮流占领，直到它做好迎接树木的准备。

　　我们常常能观察到废弃田地被一连串不同的植物群落接连占据的现象。它总是按照同一套流程发展。第一个到来的往往是一年生的杂草，这些植物的生态位包括能够产生具有远距离散播能力的微小种子。如果运气好的话，这些种子能够找到一片空地来生根发芽，从而散播更多的种子。下一个到来的是多年生植物，这些草本植物凭借其强韧的根系牢牢地扎进地面，年复一年地占据着这片田地。随后到来的是灌木，再之后是林地的矮树。

　　情况基本上就是这样的。这个过程将以原始森林的回归而告终的结论完全是我们的推测，因为没有科学家能完完整整地见证这一过程，毕竟它实在是过于漫长了。然而，这一推测还是相当可信的。我们已经见证了森林树木的回归，我们也可以去观察那些在古代曾经遭受过破坏的古老丛林，我们还能看到这些混杂在一起生长的树林如何一点一点地回复成原生的品种。一个完整而复杂的植物群落演替过程通常发生在遭到破坏的土地被荒置的时候，这个过程非常有规律、易预测且有条不紊。如果我们能在当地找到一位优秀的植物学家，他只消看一眼土地上所生长的植物种类，就可以告诉你农民是什么时候放弃在这里耕作的。

　　现在，就需要我们自行想象了。这片土地曾一度被这里的原生林所统治。随后，殖民者带着他们的斧头、马匹还有犁来到这里。他们在原生林里大肆砍伐，等他们完成之后，森林里就会出

118 ►

现一片种植了农作物的开阔地。然而，在农田附近的林地以及矮树篱中，仍然生活有来自原生林的植物社群。每一年，这片开阔的田地都会遭到小型植物的侵袭。它们是森林的先锋队，而农民称呼它们为野草。农民不得不花费大把力气击退这些野草。最终，农民厌倦了与野草没完没了的缠斗，选择离开这里。作为森林的先锋队，野草会将这片土地牢牢握在自己手中，从而为多年生草本植物的到来做好准备。随后，森林会继续在这里派遣灌木和矮树，直到有一天时机成熟，原生林终将得到恢复。和植物个体或是人类个体一样，活着的植被也会自行修复其伤口。

◀119

当植物学家第一次以生态学家的视角对植被进行观察的时候，他们会看到我之前所描述过的树木国度和植物社群，但是他们同样也会注意到大规模生态演替的发生，而这个循序渐进的可预测的演替过程将在这片土地上建立起适宜的植物国度或社群时达到顶点。植物演替是整个群落的一种特性，群落中的每种植物都有其职责。此外，对于那些试图寻找大自然中宏大设计的人来说，这种生态演替过程中还有一个证据可以供他们参考。

如果我们在外探寻演替现象的话，可能会在任何国家任何存在植被于光秃秃的地块上生长的区域发现这种现象。飓风和野火带给森林的创伤同样可以通过演替来修补，这种演替和发生在废弃农田上的演替是完全相同的。植物演替不仅发生在森林里，也发生在苔原和大草原上。演替甚至会发生在之前从未出现过顶级植被的地方，比如被填埋的水道形成的土地，或是覆有薄薄土壤的岩屑堆。参与此类演替的植物的实际种类因地而异，但是对于任意一个国家内部或同一种地形而言，参与演替的物种是固定的。在任何地方，它们都会以固定的顺序出现：首先是短命的或一年生的野草，随后是较为顽强的多年生植物，再之后便是这片土地上的顶级群系。如果顶级群系是森林的话，那么中间还要经历木灌木的阶段；如果是草原的话，那么当地物种会直接过渡到永久性的草本植物。

显然，植物能够改变它们的栖息地。一年生植物总是最先出现在光秃秃的土地、已被耕耘过的土地、焦土、裸露的岩屑堆或是新鲜的泥滩上。这些先锋会用自己的叶子——自己之后被分解的肢体来遮盖地面。在它们把位置让给多年生植物的时候，这里的土壤状况已经得到了一定改善。多年生植物会继续改善土壤。此外，由于化学物质会聚集在它们的遗留物当中，和它们一同生活的固氮细菌会留下大量的硝酸盐，它们还会改善土壤中的营养状况。因此，等到灌木开始在这片土地上扎根的时候，它们所在的栖息地要比当初的植物先锋所面对的那一片荒芜适宜生存得多。在顶级树木到来之前，这处栖息地的状况将持续得到改善。

这一发现让我们有机会了解到植物演替过程背后的最终目的：植被在准备自己的场地。植物社群之所以如此煞费苦心地进行演替，是为了让这片土地变得适合顶级植物生存。这就是为什么自然会用如此迂回的方式来重置一座森林。整个植物群落的共同努力才能使这片土地变得适合顶级植物扎根。

上述观点对于现代科学来说并不新鲜。在很久以前，农村村民便目睹了演替的发生并记录了下来。有人说，亚里士多德是第

120 ▶

一个记录下这一现象的人。不过，这也许只反映了一个事实：来自古希腊及此前文明的文字作品大都没能流传至今。演替，作为生态学界第一大课题，在七八十年前才真正开始受到人们的关注。英国维多利亚女王还在世的时候，位于俄国、丹麦、法国以及英国的植物学家用文字记述了植物演替惊人有序的全过程。在美国西部的荒野之上，一位善于表达、同时也比那些欧洲学者更敢于创新的年轻人，通过观察植物的行为，开创了一套关于自然是如何运行的理论体系，而这套体系的影响至今犹存。

弗雷德里克·克莱门茨（Frederick Clements）于 1870 年出生在草原上，刚好在美国第一次西部开拓之后。在他还是个年轻人的时候，水牛群就已经彻底在美国消失。卡斯特在小比格霍恩河的河岸边最后一次徒劳挣扎的时候，克莱门茨刚好七岁。二十三岁时，他在新组建的内布拉斯加大学获得第一个博士学位，而他 ◀121 的论文题目就叫作《内布拉斯加州植物地理学》。当欧洲第一批生态学家开始对术语的定义进行学术讨论时，年轻的克莱门茨则随着骡车队跨越了有一个欧洲王国面积那么大的荒野。他在他的博士论文里记叙了这段旅程。

骡车上的克莱门茨见证了原生草原如何修复人类和动物造成的破坏。草原通过演替完成修复。它首先会派出自己的植物先锋队，使其扎根于畜力车车轮所造成的凹坑里或者消失的水牛群所踩踏出的小路上。土地的情况得到一定改善之后，多年生草本植物便会被安插在这里。随后，土地会继续做准备，以迎接草原顶级群系的回归。在新地块上，草原也会以相似的方式悄悄蔓延：在沙丘和泥潭上散播先锋队，覆盖住所有裸露的空地，为顶级草地准备好土壤。整个植物群系开始"作为一个有机体"壮大并走向成熟。

克莱门茨详细记录下他眼前所见到的景象。他说服了很多和他同代以及下一代的植物学家，即植物群落拥有它自己的生活。我们不能只考虑单个植物或单个物种，因为它们一同成为一个更加庞大的自然实体，而各自是植物群落或群系的工作部件。克莱门茨是第一个满怀激情地对自然集体的存在进行报告的人，他认为自然集体本身就应当被视作一个整体。七十五年之后，在我们一旦谈到我们应当态度审慎地避免对生态系统造成破坏，就唯恐我们会严重干扰这个整体的运行并导致"生态灭绝"的时候，我们依然能体会到克莱门茨当时的激情。所有这些都是因为一个年轻人看到了一片草原在他的有生之年里是如何通过演替来再生的，也因为他对自己所看到的现象进行了认真的思索。

122 ▶ 可事实真就如此吗？就不存在某种超越物种水平的神秘组织将群落装配在了一起吗？克莱门茨所见的一切是否可以通过一个假设来更简单地进行解释，即植物群落中的每个物种会出于对达尔文适合度的追求而做出自私的行为？在克莱门茨的拥趸梦想着物种之间能够为了群落的整体利益而达成协作的时候，达尔文的"种间斗争"观点可能会让人在情感层面觉得不太舒服，但用种间斗争解释确实更直接明了一些。

森林中发生的演替现象是最令人印象深刻的。短命的一年生野草会让路给能够年复一年地生存的多年生野草，而坚硬的荆棘和灌木会爬到这些多年生草本植物的头上。直到某一天，树木在它们身旁拔地而起，用树荫遮蔽住它们。随着这一过程的推进，群落的物种丰度不断升高。尽管在第一年里可能只有两到三种一年生杂草在这里生长，可五十年后，这片灌木丛生的林地里或许会生活着数十个物种。随着物种丰度的提高，土壤也渐渐变得营养丰富起来。任何关于演替的理论都必须对所有这些情况进行合理解构。然而，当我们开始对整个过程进行认真的审视时，我们会发现有两种情况明显非常奇怪。

顶级群系通常要比处于早期演替阶段的群落包含更少的物种。这是个易于证明的事实。位于北美洲或欧洲的任何成熟林看上去都有些单调：森林被少数几个种类的树木所掌控，而除了这几种树木，森林里只剩下一些林下灌木和匍匐植物，外加一些盛放在林地表面的花朵。然而，在开阔的灌木林地上可能生活着数十种乔木和灌木，而这数十种还不算扎根在它们之间种类丰富的草本植物。一旦那些植物帮助顶级物种达到了它们的目的，克莱门茨想象中的顶级群落似乎会抛弃群落中的很多成员。这在情感上似乎也不是那么容易接受的，就和他剩下的观点一样。

此外，我们发现顶级群落不仅包含的物种较少，它还同样效率低下。如果我们对一亩一年生杂草将太阳能转化为糖的效率进行测量的话，会发现杂草的效率其实非常不错，更类似于第四章中分析的特兰索玉米地。在这些先锋之后到来的多年生植物以及在多年生植物之后到来的各种各样的灌木群落也都以不逊于先锋植物以及玉米的相当不错的效率工作着。这也没有什么值得吃惊的，因为我们已经预料到所有植物都会以相同的效率工作，毕竟

◂123

它们都受二氧化碳短缺的限制。但是，部分测量结果表明，顶级森林转化太阳能的效率要低于在它之前的任何草本植物群落。这确实很让人吃惊。这些顶级树木在这个残酷的优胜劣汰的世界里取代了所有其他种类的植物，还将一直占据这处栖息地并抵抗所有外来者，而现在我们被告知，它们的效率其实比不上那些被它们取代了的植物。这似乎有些不合情理。

至此，让我们一一审视关于演替的一些事实，看看我们是否能解释这些事实为什么合理。我们必须解释为什么一个循序渐进的群落发展过程能够提升土壤的品质，为什么这个过程会以一个由少数物种掌控的顶级群落告终，以及为什么从热力学的角度来看，这个顶级群落中的树木效率有可能会很低。

一年生杂草所占据的生态位允许它们利用某些突然出现的机会而不受限制地生长。它们会利用植物的小卵对策，远距离散播大量微小的种子。当这些种子发芽的时候，它们必须相当幸运才能够成功长大。幼小的植物通常无法拥有自己的食物储备，它们必须一切都依靠它们的命运。如果种子落在了潮湿、光裸的地面上，它就能够顺利长大，因为太阳会提供它所需的卡路里，它也不需要和既有的植物为了生存空间而斗争。于是，一年生杂草就负责在某些因意外而不再存在竞争的地方生存。我们称这类植物为"机会"种[①]，因为它们的生存策略就是广泛播撒种子，而被

[①] "机会"种或"机会"策略，如今常被称为 r 种（以增长方程中的符号命名）。"均衡"种（"均衡"策略）则被称为 K 种。——作者注

散布在各个角落的种子会等待合适的时机茁壮生长。在任何一处栖息地，甚至在原生林中，这类植物都能抓住机会努力生长，因为它们所需要的只是啮齿动物洞穴周围的新土、溪流的塌岸或是草皮被大风、林火撕开的地方。

这些小小的杂草能够在光秃秃的地面上快速生长，并且不会被其他植物干扰。它们的策略就是以尽可能快的速度制造种子，鉴于不久之后就会有更加长命的植物爬到它们头上、与它们争夺阳光，它们无法再得到像之前那么多的能量来制造大量的种子。崇尚机会主义的植物不会把力气浪费在竞争上，而会把所有的卡路里都输送向自己的种子。一旦出现竞争者或是冬天来临这样客观不利的因素时，它们就会立刻投降，然后死去。这是一种不错的生存策略，而且也非常成功。不管农民多么努力地清除它们，被我们称为"杂草"的植物都会利用这一策略成功生存下来。

对于野草所采取的策略，显然还有一种替代策略，那就是把握住手上已有的资源，活上个数年，同时始终稳定地进行繁殖。采取这一策略的植物被称为"均衡"种。多年生草本植物倾向于使用这种策略。它们通常长着巨大的根或是具有长在地下的储存器官，它们便能以此挺过食物匮乏的冬季，给第二年开个好头。为冬天做好储备是以减少种子数量为代价的，因为植物同时只能用食物卡路里做一件事。一年生植物将它们手里的所有资本都用在了制造种子上，而多年生植物还会花一部分在食物储备上，同时我们也怀疑它们将更多的资本投注在了与其他物种抗衡上。比起当下的后代，均衡种更倾向于为未来的后代做打算。显然，在

◀125

129

尽可能活得久一点和以牺牲自己的性命为代价来产下所有后代之间，存在很多妥协的空间。

当农夫遗弃一片农田的时候，森林树木通常不会立即开始在这里生长，因为它们也是均衡种，不会试着用微小的种子占领整片栖息地。杂草之所以会第一批来到这里，是因为它们的这种特性，也是大自然会采取如此迂回的方式来恢复森林的主要原因。

无论是发生在废弃的田地上，还是在任何因自然原因出现的小片空地上，演替都以杂草作为开端。作为机会种，杂草会提前派出它们的种子探路，而这些种子很快就能够长大成熟。可这就是它们所能做的一切了，因为等到第二年，具有均衡主义习性的草本植物会把自己的根深扎进这片土地。它们的到来为任何向四周弹射种子的微小植物带来了难以承受的竞争压力，随后它们就会直接继承这片土地。多年生杂草大都是雏菊一类的植物，它们不仅会四处播撒种子，还会储备"食物"以熬过冬天。这些植物知道如何对冲风险，它们秉持一半机会主义、一半均衡主义的信念。这些植物还会反过来给那些不怎么进行对冲的植物让路。

荆棘和灌木仍然会将更多的卡路里资本投给它们的适应力。它们会长出木质的躯干以便爬到草本植物的头上攫取阳光。长出木质的躯干本身就要耗费一定的卡路里，对它们进行维护所耗费的卡路里更是要多上许多，而这些卡路里原本是用于生产种子的。这就是为什么灌木会来得这么晚，可它们一旦到来，它们就高效得令人惊异。

再之后到来的是让灌木也相形见绌的树木。显然，演替的过

126 ▶

130

程还将继续，直到植物不再将卡路里从种子生产转移到长出庞大的身躯。最终，我们将看到的就是顶级森林里的高大树木。

目前，很多有关演替的现象都已经得到了解释。大自然之所以会以如此迂回的方式来建造一座森林，正在于任何群落都同时含有机会种和均衡种。机会种会先到达那里，并一再被那些向均衡对策妥协的植物所取代。这就解释了为什么演替是循序渐进且可预测的。甚至连土壤状况的改善都可以由此得到解释，土壤状况改善只是任由植物在原本空空如也的土地上生长的必然结果。土壤的改善是演替造成的结果，而非原因。

我们对于演替的理解已经到达了这样一个层面：我们可以说一种植被类型被另一种植被类型有规律地替换掉并没有什么不可思议的。那些明显的群落特征可以被简单地解释为众多达尔文式物种各司其职的结果，移动得快的要比移动得慢的先来。然而，关于顶级森林内存在的少数优势物种，我们仍然有一些疑问没有解答。比如，为什么在美洲的山毛榉-糖槭林里几乎所有的树木都是山毛榉和糖槭，但是这里仍然存在十八种其他种类的植物供它们统治呢？再就是为什么某些顶级森林会如此低效？这种低效似乎有些不合常理。

时至今日，生态学界仍然热烈地讨论着有关优势的问题。直到最近，一个至少可以说在一定程度上令人满意的解释出现了。这一解释源于一项非常关键的观察结果：在某些低地热带雨林中，似乎没有任何一个物种占据优势。在亚马孙河流域的泛滥平原上，一英亩的土地上可能生长着一百种树木，而其中没有任何一种比其他种类更多见到足以被称为"优势"种。这种不存在任何优势物种的多样化森林与温带森林形成了鲜明的对比——温带森林里一般只生活有几种树木，其中一两种数量特别丰富的树种会统治整座森林。若不是世界上的大多数大学以及它们麾下的生态学家都处于温带地区，不然我们可能根本不会对自然界中的统治或者说优势问题如此感兴趣。

　　某些热带丛林中确实也存在某一种植物占据统治地位的情况（比如辽阔的莫拉林地），但这可能是因为这些森林通常坐落于季节较为分明的地带，因而它们所处的热带环境实际上与温带的栖息地环境有很多共同之处。然而，在没有季节变化的潮湿的热带地区，森林里似乎确实生活有丰富的物种，且不存在某一物种主宰的情况。当名为丹尼尔·詹曾（Daniel Janzen）的植物学家用一种非常开放的态度来思索这些森林中的树木是如何散布开来的时候，他发现，有一个因素对于优势物种统治的出现起着决定性的作用，那就是森林中的昆虫。

　　很多昆虫都会以种子为食，并且它们相当擅长于寻找种子。在从母树上掉落之前，大多数长在树上的果实都可能遭到讨厌的昆虫的袭击，或其上被附着定时炸弹般的虫卵。有些昆虫则会等着果实掉落到地表。松鼠和老鼠也会加入对种子的狩猎。在没有明显季节之分的热带地区，许多昆虫和啮齿动物能终年维持庞大的种群数量，并且年复一年均可如此，因此树木的种子所遭受的攻击实际上非常持续而猛烈。此外，对于掠食者而言，树木就好比一个信号灯。那些适应于以种子为食的昆虫会聚集在这里，而啮齿动物会在相当远的距离之外就注意到果树的存在。通过在树下播撒种子，詹曾成功地证明了热带森林的树荫之下就是种子的死亡地带。在这里，对种子发动袭击的成功率为100%。因此，◀128 热带森林中的幼树是不可能在它们母树的庇荫下或是在母树附近长大的。只有被鹦鹉或是被其他能够传播植物种子的动物带离掠食者虎视眈眈的包围圈的种子才能够有机会发芽并生存下来。因此，在这类热带雨林中，不可能出现少数物种的种群数量碾压多数物种的情况。

这就是詹曾得出的关于哥斯达黎加森林中昆虫和树种传播之间关联的结论，或许也解答了为什么生长在会经历冬天的地区的北方森林以及生长在季节变化分明的地区的热带森林存在优势种。在季节分明的地区，天气情况会在一个较大的范围内波动，而其处昆虫种群的大小也会出现较大的变化，因为昆虫的数量会随天气波动。如果北方（从昆虫的视角来看）森林里捕食种子的昆虫度过了顺顺利利的一年的话，它们掠食种子的效率会像它们生活在热带低地地区的表亲那样高得可怕；可如果这一年里昆虫的数量一直比较少的话，那么它们的袭击就不会很猛烈，大多数种子都能够逃出生天。随后，幼树的种子会生根发芽并密密地成长在母树的庇荫下。一代过后，森林里便会只伫立着一两个物种，即我们所称的优势种。这一两个物种会继续不停地繁衍后代，毕竟每一代树木在其一生中总会碰到昆虫较少的时候。其他物种则永远得不到这样的机会，顶级森林更是会赶走所有之前在这里生长的热衷于投机的植物。这一解释更是让顶级群系的统治地位成为达尔文理论中利己主义的结果。克莱门茨所看到的顶级群系中少数占统治地位的树木的存在，与植物的自组织实际上是没有关系的。在克莱门茨等科学家所研究的北方地区，昆虫觅食的总体效率较低，或许是一个更加令人信服的原因。

詹曾之于昆虫对顶级森林的影响的深刻洞见强有力地震动了二十世纪七十年代的生态学界。在克莱门茨的巨著发表的四十五年后，我们终于能对他着力描写的观察结果部分做出解释。对于优势种的解释只能说在一定程度上较为令人满意，因为除了在詹曾所在的哥斯达黎加，它还没有在其他地方得到验证。更何况，许多植物学家并不相信昆虫总是能带来詹曾所说的那种影响。但就目前而言，它仍然是个令人满意的解释。顶级森林中树木的生产力问题在很长一段时间里都是一个颇有争议的话题。

有人提出：顶级群系的生产力会比前几个演替阶段中的植被的生产力更低，即顶级群系转换能量的效率更低。支持这套新奇说辞的依据有两条，其一来自对森林的生产力进行测量得到的结果，而更有说服力的其二来自对不同生态系统（实际上是实验室内的试验生态系统）的生产力进行测量所得到的结果。鉴于这种说法很大程度上来源于对实验室内微型试验生态系统进行观察所获得的结果，所以在我们回到森林之前，不妨也听听他们到底讲了一个怎样的故事。

这些试验生态系统就是一些装着含有藻类的水的容器，容器外部则有人工光源对其进行照射。一个试验生态系统的初始配置包括水、矿物质溶液以及各类初始藻类。随后，这里将发生一系列种群演替过程，这种演替与发生废弃田地上的陆地植物演替在很多方面都存在相似之处。该演替过程的先锋植物是一些在显微镜下可见的浮游藻类。在容器内的开放水体中，这些藻类的数量会以极快的速度保持增长，显然类似于废弃田地上演替刚开始发生时的状况。然而，随着该群落逐渐向顶级群落的方向发展，藻类不再在水中生长，而会在容器的侧壁上生长。此时，在容器内生长的藻类将是密密麻麻盖满玻璃壁的褐色丝状藻。一旦这种情况发生，水体内将只剩下极少量的微小植物仍在生长，因此水将变得十分清澈。对于任何被置于光源下并有意放任不管的实验室容器，我们都可以预测到这一系列过程的发生，而此类过程对于所有忘记打理自己水族箱的人来说也不会陌生。一旦这个水族箱被遗忘，在死水一潭的日子里，水族箱的玻璃壁会慢慢被藻渣所覆盖，哪怕水体本身看上去还相当清澈。由于此后容器里的状态不会再发生太大变化，我们有理由说此时演替已经达到顶级。

通过对水中的化学反应进行监测，我们能很容易地测量出这些试验生态系统中植物的生产力，同时我们也获得了一些十分可靠的实验室数据表明：随着演替的推进，生态系统的生产力将下降。只要植物还在开放的水体中生活，它们的生产力总是高的。可一旦演替达到顶级，藻类开始在容器侧壁生长时，它们的生产速率就会下滑，直到最终稳定在一个低于之前先锋植物生长阶段的水平上。因此，该顶级群系的效率要低于之前被它取代的群系。事实确实如此。当人们针对顶级森林为什么效率如此低下的问题提出类似的观点时，先前试验生态系统的经验已经能够让人们对结果作出正确的预测。

　　装水的容器里顶级群落的生产力低下是很容易解释的。原本溶解在水中的很多营养物质都被附着于容器壁的藻类从溶液中抽离出来，并被存储在它们体内。这些藻类中有很多已经濒临死亡，它们衰老的身体里所容纳的营养物质并没有被高效地利用。这些营养物质会限制水生系统的生产力，而当它们被有效地从系统中移除时，开放水体群落的生产力也会降低。因此，其顶级群落的低产是由营养物质被封存引发的。然而，这样的状况与顶级森林的生产力问题并不相干。

　　关于顶级森林低产的说法，即顶级群系中的树木不会长得很好，能够证明它的直接证据是护林员的经验。对于不同树木的产量进行直接测量所得到的结果佐证了这些经验之谈，尤其是在东北亚工作的日本护林员，对此感触尤为深刻。护林员的经验以及这些测量结果使得许多生态学家相信，顶级森林中树木的生产力通常要低于之前演替阶段的植物生产力。于是，我们发现自己陷入了这样一种境地，那就是我们需要解释为什么继承了这座森林的树木会比被它们所取代的植物低效。在我们中的某些人看来，要找到这个问题的答案，我们必须先搞清楚顶级森林中的一棵树是如何适应在母树的庇荫下成长的。这首先必定会为树的样式带来某种机能的局限性。如果一种样式能让树木适应在森林底层的暗无天日的生活，那么多年以后当这棵树长大、到达森林顶层并全然暴露于阳光之下的时候，这一样式势必不再合适。我曾在自己于1973年出版的教科书中对此进行过讨论，但当时我完全不知道这会是怎样的一种局限。然而，正在我苦苦思索之际，普林斯顿大学的亨利·霍恩（Henry Horn）证明了确实存在这样一种机制，他也展示了这种机制是如何运作的。

如果一棵树必须要在阴影下长大，那么它势必无法获得足够的太阳光来运行它的能量工厂。显然，它必须极力伸展自己的枝叶，使树冠间没有一丝缝隙能够让珍贵的太阳光白白流失。这棵树必须长成伞形。霍恩还向我们证明，尽管存在一些这样或那样的不规律之处，但顶级森林中的树木确实在大体上都呈现这样一个形状。它们都是些配有长长伞柄的绿伞。

▲132

当然，并非所有的树木都呈伞形。在开阔地带生长的树木会在从树根到树顶的整个长度上大致等间隔地长出带有树叶的分枝。霍恩对这一现象也进行了解释。如果这种树木的上层树叶形成一个完整的伞盖，它们就会拦截下所有阳光，而其中的大部分都会被浪费掉。树叶中的能量工厂将开足马力并全力运转，但是它们的生产速率仍不会很高，因为二氧化碳的供应是有限的。我曾在第四章中探讨过植物所面临的这一困境。可要是这棵树制造了一把半是破孔的伞呢？这把伞的产糖量固然将减少一半，但阳光会从这些破孔中倾泻而下，照耀在位于其下方十几、二十厘米处另一个半是破孔的伞盖上。构成伞盖的叶子既能够获得二氧化碳供应，还有多到用不完的太阳光。两把半伞的产糖量加在一起就等于一个完整伞盖所能产出的糖量，同时还有阳光能从第二把伞的破孔中穿过，从而使树木在十几、二十厘米之下的位置继续制造第三把半伞。一层树叶所生产的糖就可以算作净利润了，而这把伞的下方还有另一把伞。以此类推，直到阳光在经过层层过滤后变得过于微弱，树木觉得没有必要再长出一层树叶来接收这些阳光。

这就是为什么这些树木会长出小树叶而不是大树叶，以及为什么它们的树叶之间会留有空隙。这也解释了为什么开阔地带的树木会每隔一段距离就在树干上长出一个分枝，而不会让分枝都聚集在树冠上。树木成为收集和扩散阳光的装置，因此会有尽可能多的慢速运转的工厂在合适的光强下运转。同时，这些工厂也是相互分开的，于是它们会有独立的二氧化碳气体供应。霍恩凭借他绝妙的思维，以及在新英格兰地区林地里测量所得的结果，向我们说明了所有这一切。他的著作《树的自适应几何结构》必将成为生物学界的经典著作。

霍恩的著作为我们解开了关于演替的最后一个谜团。顶级群系中的树木多多少少会长成伞形，这是因为幽暗的森林底层没有足够的阳光，因而也没有必要再长出几层树叶。纯正的伞形设计对于在树荫下存活来说是最高效的，它对在母树树冠下长大的树木而言也是绝对必要的。但是，这种设计在强光下就没那么高效了。伞形的幼树总有一天会长成伞形的成树。到那时，这种样式确实也不会再高效。这就是为什么顶级森林中的树木会比演替过程中早于它们出现的所有群系中的树木更为低效。

我们应当注意，这一解释实际上也极端简化了现实中的情况。现实中的森林都是由不相协调的斑块拼凑而成的整体。现实中的树木往往活不到其大限，现实中的森林会被风暴折断，现实中的

133 ▶

138

树冠会因为疾病或意外而开出豁口。尽管长出单层伞形树冠的策略对于森林里的优势树种来说显然是非常成功的，但是其他植物还是有很多机会在光影交错的真实森林中找到自己的一席之地。这会导致森林被不同种类的树木（比如生活在林冠之下的树苗和灌木）分出层次。现实中的森林很有可能会被多个物种自上而下地分成多个层次，其中的每一个个体都会尽可能地利用从林冠缺口处透过的一丝丝阳光。尽管顶级树种形成的纯林确实不如依靠带孔伞盖活下来的多层次演替初期树木形成的纯林高产，森林作为一个整体可能还是会生产同样多的糖，哪怕是在其顶级阶段。最近对野生植被进行测量的结果表明，真相可能确实如此。森林中的顶级群系同其他群系一样高产，而顶级树种形成的纯林可能并非如此。需要担心这一问题的是从事单种栽培的护林员，而不是生态学家。 ◀134

因此，我们现在能够利用达尔文主义的观点简单而实事求是地解释植物演替过程中发生的种种有趣且可预测的现象。演替过程中所发生的一切之所以会发生，是因为不同的物种都会以它们自己的方式尽力活下去。所谓的群系特征实际上仅仅是这些自惠自利的个体共同作用产生的结果。 ◀135

第十三章

和平共处

　　如果我们将简单动物置于经过设计能满足它们一切需求的实验室容器中，它们就会大量繁殖。将三四只原生动物置于含有营养肉汤的试管中，一两个星期之后，每支试管中都会有上千只原生动物。将一对果蝇装入配有足够香蕉糊的牛奶瓶里，很快果蝇的数量就能达到成百上千。将几只蜡螟放入装着蜡的盒子或者将拟谷盗放入装有面粉的盘皿里也是一样。如果你把一对老鼠放进长宽 6 英尺（约 183 米）的围栏里，又为它们提供无限量的食物和水，甚至也能获得相似的结果。只是这种试验将让你陷入社交困难的境地，尤其是当你和其他科学家共用一个实验室大楼，而这里其实并没有能够防住老鼠的围栏。

　　所有这些针对自然繁殖力所进行的试验都遵循着同样的发展流程。起初，动物们会相当迅猛地进行繁殖，而且显然是以生殖

机能所允许的最快速度诞下后代。在最初几代里，动物的数量会
出现跳跃式的增长，而且越涨越快，因此种群数量会如爆炸气体
云一样飞速膨胀。随后，情况就会发生变化：增长的速度开始变
得缓慢。每天的种群数量统计结果显示，加入群体的新生儿数量
越来越少。最终，每日统计的结果会基本保持不变，这个急切成
长起来的群体的数量开始保持恒定。

这些波澜起伏的数量变化过程对于科学家来说无异于天赐的
宝藏。他几乎是无意识地拿来坐标纸，开始认真绘制数量和时间
的关系图。他勾画出的曲线始终呈现字母 S 一样的形状，但是它
被描绘得更加扁平，不再有十分明显的拐弯，所以最终呈现的是
"∫"的形状。

◀136

当笼子里只有一两对动物时，它们会繁育出庞大的家族，种
群数量也会保持上涨。为了描述这些早期的情况，我们开始描绘
"∫"形底部的爬升曲线。但是很快这里不再只有一两个繁殖者，
而是十至二十个。它们依然会繁育出庞大的家族，已经大大增加
的数量会再次大大增加，种群数量开始激增。与此同时，曲线迅
速攀升，达到扁"∫"形的竖直部分。可最终，繁殖活动出现明
显的下滑，增长速度变慢，曲线走向"∫"形顶部的水平部分。
于是，科学家称，这些种群的发展过程呈"∫ 形"或者"S 形"
（以同一个希腊字母称呼）。

显然，从这种"∫ 形"或是"S 形"的发展过程中，我们可
以发现与拥挤程度相关的规律。在初期的时候，丰富的食物、宽
阔的生存空间以及几乎不存在的邻居让繁殖者过上了一段甜蜜的

好日子。庞大的家族被预设会出现，而我们也发现了这样的家族。对于下一代和第三代，日子依旧不错，婴儿工厂依旧以同样迅猛的速率工作。但是很快，这一系列繁殖活动产生了一个过于庞大的群体。我们认为，一旦这种情况出现，它们的日子就会开始没那么好过了。那些理应成为亲代的动物会与其他亲代为食物展开竞争，并且会把其能量花在争斗当中。用于繁殖的卡路里将会减少，导致了补充群体数量的年轻动物的数量减少。甚至连生活在该拥挤环境中的成年动物也很难承受这样疲惫不堪的生活，它们中的一些可能会过早死去。因此，拥挤很可能在导致出生率降低的同时提高死亡率。这似乎合理地解释了为什么实验种群的增长速率会减缓。

由此，我们提出了一个一般假说来解释实验种群的 S 形发展过程。种群会保持增长，直到资源不足以承受种群的数量，之后群体中的每一个个体都将受到拥挤效应——尤其是为有限食物供应而展开的竞争的影响。随后，它们会繁殖得更少而死得更多，最后它们的苦难将保持在一个平均水平上，每个个体都将在一个数目恒定的种群里苟活下去。

这个一般假说之于实验室动物几乎是百分百准确的。假说所需要的拥挤情况在种群增长的后期会实实在在地出现，因为我们确保了拥挤的出现。我们迫使动物一起为了生存的权利而斗争，从而赋予了这个确实需要它们斗争的假说一定的可信性。

果蝇、拟谷盗和小鼠都是备受钟爱的实验室动物，有科学家曾花费毕生时间试图搞清楚这些被困在拥挤监狱里的动物究竟遭遇了什么。比如，雌性果蝇在饥饿时会产下更少的卵。当果蝇们

137 ▶

生活在一个拥挤的瓶子里，瓶子内壁的香蕉糊被它们爬满的时候，果蝇能得到的食物也会变少。一系列必要的实验被用于演示这一微妙的现象，而这些实验的时间跨度长达二十年。同样还有证据表明，当有其他的蛆在香蕉糊里蠕动的时候，蛆和蛹很容易面临死亡。科学家还需要更多年的工作来证明这一点并排除争议存在的可能性。

在早期，研究者发现拥挤的拟谷盗会在它们跌跌撞撞穿过面粉的时候误食自己的卵，因此从概率上看，它们的数量越多，它们所吃下的卵占总数的比例也必定会更高。这些跌跌撞撞的甲虫甚至会啃食它们的同类和自己的幼虫，盲目的走动迫使它们面临一个老套的三角问题：一对拟谷盗想要在拥挤的面粉里搜寻一个角落进行交配，但是它们很难在被第三者撞见之前完成交配。在世界上的很多实验室里，研究人员依然会每天都把拟谷盗从面粉里挑出来进行计数，他们仍然能发现拥挤为甲虫带来的更多新的不便。

◀138

研究小鼠的科学家甚至发现了一些更加惊人的结果。在拥挤得无可救药的围场里，一位小鼠母亲生存所需的复杂的社会生活已经土崩瓦解，因此它无法再照看自己的孩子。互相推挤的雄性小鼠的身上也同样出现了一些较为糟糕的症状，从脾气暴躁到突然陷入闷闷不乐都有。实验室小鼠所陷入的窘境似乎在一定程度上反映了人类社会中的某些状况，而这是研究面粉中拟谷盗的科学家很难察觉到的。

这些研究的结论看上去已经足够合理，过度拥挤所带来的致死作用是真实且显而易见的。我们可以说，我们确实知道为什么实验室中的种群增长永远呈 S 形，以及当群体变得真的很密集的时候种群数量是如何趋于平稳的。但是，我们尚不清楚，这一认识是否会帮助我们理解现实世界中的状况。在野外，动物没有被禁锢在监狱当中，它们所处的环境不会被刻意维持在某种舒适状态。此外，它们必须采取措施应对与它们分享同一种食物的其他种类生物的活动以及会把它们吃掉的捕猎者。

尽管原本的模型中存在某些人为因素影响，S 形增长的数学模型还是让我们对大自然的运作方式有了较为深刻的理解。该模型会让我们直接联想到达尔文对"生存竞争"的正式描述，同时它也让我们直观地理解了为什么不同动植物物种之间理应存在截然不同的区别。它甚至教会了我们生态学中最为让人欣慰的一课，那就是许多动植物实际上都过着基本不受这些致命斗争压迫的生活。

上述种种认识之所以会出现，是因为有关拥挤的假说催生了某些充满争议的代数式。拥挤假说清晰地表明了增长方程应当包含哪些项。种群的数量会因动物的努力繁殖而增长，这种增长是一个以动物数量 N 为因变量的函数，而其速率就是一对动物在最适条件下繁殖的速率，也就是生态学家所说的"内禀增长率"r。根据我们的假说，种群的数量将受到其拥挤程度的限制。我们可以断定，最终挤成一团的动物代表了容器所能容纳的最大数量，我们将这一数量称为"承载力"K。在与生态学家对话时，当你听到有人发出 K 的音时，他常常指的是某个环境在理论上的承载力，就像 r 的音代表的是繁殖能力 r 一样。

通过一个能在动物数量等于 K 时将增长速度降到零的函数项来平衡动物的繁殖努力，由此得到的短小精悍的等式能够准确地表述我们所谈到的拥挤效益对种群增长的控制作用究竟是什么意思。通过对这个简单的代数式进行微分，我们就可以得到一个能够轻松解决所有可能的动物数量问题的等式，将它输入计算机中，计算机就能在它的直角坐标系上画出一个完美的 S 形曲线。更重要的是，我们还可以给这个等式加一点花样。P 可以是以 Q 效率捕食的捕食者，或者 H 可以是每 y 年就杀掉占比 $s\%$ 的动物的飓风，等等。这些更加复杂的新等式或许能预测这类捕食者或是 ◀140 飓风会带来怎样的影响。不过，这种数学游戏大都会衍生出一个现实中不可能发生的结果，因此它们常常被我们忽视。然而，其中还是有那么一个数学游戏最终将我们引向了一个极为重要的真相。

人们曾建立过种种等式来预测两种不同的动物在同一个容器中为同一种食物而竞争的情状。直觉告诉我们，在最后剩下的挤成一团的动物中，两种动物应当差不多各占一半。其中的每一个个体都不仅要跟自己的同类竞争，还要和另一种动物竞争。如果两者势均力敌，而且都奋力地谋求生存的话，那么这两种动物竞争的结局就是，它们要平分共有的食物，并且这两种动物的数量也应当是相等的。然而，数学给出了一个有悖于这一常理的预测结果。数学告诉我们，其中的一个竞争者将被完全消灭，而另一个将获得完全的胜利。

这一预测结果在实验室中得到了印证。相互竞争的动物是无法共处的。苏联生物学家格奥格里·弗兰采维奇·高泽[1] 于莫斯科大学进行了这项至关重要的实验。他所做的就是让不同种类的小型原生动物——草履虫陷入层出不穷的竞争中，从而验证这个数学预测结果是否存在什么问题。

高泽将他的草履虫装进玻璃离心管里，这样一来，他就能很方便地每天在机器上对它们进行离心处理，从而在他将耗尽的食物溶液倒出的时候，这些动物能好好地待在离心管底部而不会一起流走。高泽最初将八只个体放进离心管里，随后离心管中动物的数量会一路跃至上千。只要他还愿意每天进行离心操作并补充它们的食物，最终的数量就会保持恒定。最后，高泽手边备着数种他知道能够好好地活在离心管里的草履虫，这些草履虫已知都以同一种食物为食，而且它们的外表十分相似，几乎难以辨别。如果其中的两种被放进同一支离心管里并有条件大量繁殖的话，无论它们是否情愿，都必须每天为了有限的营养补给而彼此竞争。这样一来，我们就能知道常识和数学演算到底哪一个是正确的了。这些物种是会陷入无止境的缠斗呢？还是其中的一种将取得完全的胜利，而另一种完全灭绝呢？答案已经由高泽揭晓，其中一方取得了全面的胜利。数学演算是正确的。

无论高泽用他选择的两种草履虫测试多少次，结果都是一样

---

[1] 格奥格里·弗兰采维奇·高泽（Гео́ргий Фра́нцевич Га́узе，1910—1986），苏联生物学家和进化论者。高泽提出了生态学的基础——竞争排斥原理，其晚年的大部分时间致力于研究抗生素。——编者注

的：离心管中的一个物种会彻底消失，而且消失的总是同一个物种。这两个种群在初期都还生活得不错，那时所有草履虫都有足够的生存空间。但是很快，当离心管内开始变得拥挤，失败的物种的数量就不再增长，而是开始一路下降，直到最终，胜利的那一个物种完全占领了这支离心管。每一天，高泽都能见证管内发生的致命争斗，而每一次斗争的结果也都是相同的。

面对这些结果，我们显然会作出两种本能反应：首先我们会感到震惊，因为我们预测会出现的永久的相互制约实际上变成了一场大屠杀，其次我们会好奇失败的物种究竟是凭什么生存到今天的。这第二个疑问正是我们解开整个谜题的关键，其答案会让我们明白：在真实世界里，达尔文理论中的斗争既不是无止境的对抗，也不是残酷的屠杀，而是一种无声的抗争。

在大自然中，各种各样的草履虫会生活在一起。因此，在大自然中，高泽刻意营造的种间争斗的结果势必会出现逆转的可能。◀142
高泽对草履虫十分了解，所以他可以领会一点微小的技术变化是如何为争斗的结果带来逆转的。我们已经知道，草履虫就和其他原生动物一样，能够向水体分泌对其他动物有毒的化学物质。它们会利用化学武器来保证生存。然而，高泽每天都会给离心管换水，因此他会去除水中的这类化学物质。后来，他不再每天都将管内全部的水换掉，而是尝试留下大部分水，并加入浓缩营养液来补足体积。单单改变这一个因素就足以逆转最终的结果。在他的这一系列实验中，之前一直是赢家的物种反而变成了输家。

随后，高泽偶然发现了一个甚至更有启发性的现象：当他尝

试让另外两种草履虫互相竞争的时候，这两种草履虫都没有走向
灭亡，它们都能在离心管里持续生存下去。当高泽细细观察这些
离心管时，他发现其中一种草履虫生活在顶部，而另一种生活在
底部。两种草履虫找到了一种可能的避免冲突的生存方式：哪怕
它们身处一个构造简单、含有营养液的玻璃管里，它们也会通过
划分空间（或者说领地）来避免竞争。其中一种草履虫会聚集在
离心管底部，不小心来到这里的另一种会被它们击溃；与此同时，
第二种则倾向于游向顶层，它们在顶部的数量更占优势，使它们
能战胜它们的对手。进入错误栖息空间的草履虫会被卷入致命的
竞争中，并陷入苦苦的挣扎。不过，大多数草履虫还是会听从它
们独特的生存策略的指引，好好待在它们应当在的位置上。在那
里，除了要和同类竞争，它们会过得相当安全。

143 ▶ 　　现在，研究者已经利用多种不同的动植物，进行了许多类似
于高泽实验的其他实验。实验均以一方大获全胜或者以避开竞争
并共享栖息地而告终。因此，数学演算以及实验都告诉我们，让
不同物种持续无止境的激烈竞争是不可能的。不同的物种必须彼
此保持一定距离。这一结论立刻让我们豁然开朗。如果我们只是
潦草地看待达尔文的观点的话，我们就很容易产生一个误解——
自然中的动植物总会无止境地陷入抽干它们所有力气的争斗之中，
事实却并非如此。大自然的精心编排使得物种间的竞争性争斗得
以避免。这显然也是为什么自然选择能够催生各式各样的物种。
一个物种必定能在自己的生态位上大获全胜，没有任何物种能顶
替它的位置。只有误撞上其他物种生态位的个体才会在残酷的斗

争中被消灭。自然选择设计出了那么多不同种类的动植物，就是为了让它们能够避免竞争。一种已然适应的动物并不是擅于争斗的动物，而是完全避开了争斗的动物。

高泽宣称，他的实验结果证明了一个基本原理：没有两个物种能在同一个生态位上无限期地共同生活。更简单的说法就是"一个物种，一个生态位"。我们称其为"排斥原理"，因为一个生态位的占据者会努力让所有其他物种离它远远的。

当研究非实验室动植物的研究人员第一次听说排斥原理的时候，它很快就得到了他们所有人的认同。它是正确的，它反映了科学家一直以来的感觉。每个物种都如此独特，因此我们能够通过它们的外形或是陈列在博物馆里的身体组织和树叶标本来区分它们。这些表征反映了它们的功能。爪子能证明这是一只食肉动物，蹄子能证明它的步伐迅速，对生拇指能证明它会爬树。每一个博物馆学者都知道，在利用外形来分辨物种时，实际上是利用功能或是说生态位来进行分辨。利用外形来推测生态位，就是古生物学家在重现已灭绝的动物的生活时所做的工作。正所谓"一个物种，一个生态位"，每一种动植物都是独一无二的，它们反映的也都是独一无二的生态位。

▲144

野生生物学家甚至比博物馆学者更欢迎这个新证实的原理。就好像物质和能量守恒定律能够为物理学家的工作提供指引一样，排斥原理能够为野生生物学家的工作提供指引，它可以成为一条来指导他们观察方向的工作准则。每当我们在野外发现有相似的动物在一起生活的情况，我们都不再会去设想它们是如何用自己的爪牙来争个你死我活的。我们反而开始思考，它们是怎样避免这种竞争的。当我们发现有很多动物似乎在分享同一种食物供给的时候，我们不该急着谈论所谓的生存竞争，反而应当去观察这些动物是如何实现和平共处的。

英国有两种著名的鸬鹚：普通鸬鹚和欧鸬鹚。这两种鸟乍看起来相似得惊人。它们栖息在同一片海岸上，它们都会在水下游泳来捕捉鱼类，它们都会在俯瞰大海的峭壁上筑巢，它们都很常见，它们都因为会偷走渔民的渔获而很不受他们的待见。正是上述最后一条让英国杰出的鸟类学家大卫·拉克（David Lack）有机会利用鸬鹚首次在野外对排斥原理进行检验。随着渔民愈发激烈地迁怒于这些鸟，当地议会悬赏消灭鸬鹚，成千上万的鸬鹚继而被射杀。但当渔民意识到屠杀鸬鹚对渔业没有任何益处，议会才决定，他们最好还是把钱花在雇用一些懂渔业的生物学家上，让他们报告这种鸟类的饮食习惯。普利茅斯海洋实验室接下了调研的工作，他们对鸬鹚胃里的内容物进行化验并展开了实地研究。

145▶ 欧鸬鹚，也就是两种鸬鹚中目前数量较为丰富的那种，主要以沙鳗和西鲱为食，而这两种鱼都不是经济鱼类。普通鸬鹚的食谱更加丰富，以虾为主，此外还包含少量的小型比目鱼，但不包括沙鳗和西鲱。比目鱼倒是属于经济物种，但它们能够带来的收入少到可以忽略不计。因此，渔民对鸬鹚的愤怒实际上是没有根据的。这在生态学家眼里不足为奇，但是这些信息对于拉克的研究非常关键。显然，这两种鸟类的食物是完全不同的，所以它们能够避免竞争，排斥原理也就此得到了验证。

渔业研究进一步证实了，这些鸟类如何确保各自捕捉的是不同种类的鱼。欧鸬鹚会在较浅的入海口捕鱼，而普通鸬鹚则走得更远一点，它们会到海里觅食。它们也会在不同的地方安家落户：欧鸬鹚会在大块卵石间的低处或者狭窄的岩架上筑巢，而普通鸬鹚则会在高处或者宽阔的岩架上筑巢。总之，尽管这两种近缘鸟类看上去相似，却具有截然不同的生态位。在正常生活的情况下，它们是不太可能展开竞争的。

有三种织布鸟属的黄色织布鸟在位于中非的姆韦鲁湖长约200码（约183米）的湖岸上肩并肩地繁育后代，发现它们的人随即射杀了几只以确定它们都以什么为食。其中，一种织布鸟的胃里尽是坚硬的黑色种子，另一种织布鸟的胃里则含有柔软的绿色种子，还有一种的胃里就只有昆虫。

多样化的植物可以确保食草动物能很容易找到一种专门供自己食用的食物。这种食物专门化所带来的影响在食草昆虫身上体现得尤为明显。任何鳞翅目昆虫爱好者都知道，只要给毛虫吃合适的植物，它们就能成功长大。这意味着，在草甸上成群飞舞的近缘蝴蝶会通过在幼虫时期以不一样的草甸植物为食来避免竞争。◀146植物会通过专门的化学反应来加强这种专门化，特化的化学反应会让它不能被多数动物所食用，除了某一种专门的食草动物。

一类名叫莺的可爱小鸟在各个方面——甚至在颜色上都很相似，学会辨认除了种公禽的所有莺类是鸟类观察家的入门必修课。在美国东部，每年春天都会飞来各种各样、数量多到令人沮丧的莺。它们在加勒比地区度过冬天之后，会沿着同一条飞行路线，向北飞往位于美国新英格兰地区和加拿大东部丛林中它们共同的繁殖地。其中有五种莺会在缅因州和佛蒙特州的云杉林里筑巢。这五种小鸟具有非常近的亲缘关系，它们繁殖地的植被并没有任何明显的种类区分，纯粹是一排排云杉树而已。五种鸟具有大小、外形相似的鸟喙，这表明它们以同一种食物为食。林业学者曾对它们的胃内容物进行了大量检验（以寻找云杉芽虫的天敌），结果发现它们的食物基本上是相同的。虽说在同一地区生存的近缘鸬鹚和织布鸟会以不同的东西为食，但是这些小小的莺似乎在食物方面具有相似的口味。那么它们是如何占据不同生态位的呢？为什么那里能够生活不止一种这样的小鸟呢？最为著名的生态理论学家之一罗伯特·麦克阿瑟，就是通过回答这些问题获得了他的博士学位。

有好几年的春天，麦克阿瑟都花上大把时间来观察这些小鸟。每当他看见一只，他就会准确记录下它的位置：在树顶上、在树侧边、在地面上、在天上飞来飞去。他还用秒表以秒为单位测量一只莺会在它此时的位置上待上多久。这是一项枯燥且耗费时间的工作，因为在如此浓密的云杉林里，我们很难发现这样小的鸟类。麦克阿瑟足足花了两个夏天才累积下总长达 4 小时 22 分 54 秒的行为观察记录，而这四个半小时已经足以让他搞清楚每一种莺在哪里停留的时间最久。显然，不同种类的莺会在树木的不同部位活动。一种主要待在云杉树顶，另一种则待在比树顶低一点的位置上，第三种就比较接近地面……以此类推。作为所有莺类最充裕的食物源，云杉芽虫生活在云杉树的各个部位，但是不同

147 ▶

的莺只会在它们自己的地盘捕食。

作为如此善于移动的生物，鸟类确实会偷偷去其他同类的地盘捕猎。但是麦克阿瑟能够证明，其他的行为特性阻止了一种鸟类从其他鸟类那里偷偷捕走太多的毛虫。他测量了每一种莺做各种动作时所花的时间，记下每一种都花多久的时间在空中盘旋、在树枝间跑动或在辛勤工作上，并证明了每一种莺都有自己独特的行为模式。有的莺会比其他种类的莺更活跃，有的则会更加不紧不慢。毫无疑问，这些不同的行为反映了不同的狩猎方法。一种莺会捕捉针叶表面的毛虫，另一种则会搜寻藏在针叶下方的毛虫，等等。尽管莺会溜进其他同类的地盘，并在那里捕获同一种毛虫，它们却不会彼此竞争，因为每一种莺的不同狩猎方式确保了它们从总食物量中取走的是不同的部分。

很久以前，我们就认识到在非洲草原上成群结队的各类食草动物势必专门以某种食物为食，而如今研究兽群的学者已经开始演示这些移动的动物群中每一个物种的生态位都有何区别。所有物种都以广阔的热带稀树草原上的不同食物为食。斑马会以长长的干枯草茎为食，它们和马一样的门齿十分适应去吃这样的食物。角马则会去吃草的侧芽，它们会像牛一样用舌头配合其独一套的门齿来扯下它们的食物。汤氏瞪羚则会在其他食草动物已经经过的草皮上啃食，它们专吃被其他物种的觅食方式所忽略并残留下的紧贴地面的植物或其他细碎的食物。虽然这几种主要食草动物还有其他大型草食动物会在同一片区域内游走，但是它们显然可以通过专门摄取某一类食物卡路里来避免竞争。在这些兽群侧翼

◀148

游荡的则是一些专食性的食肉动物，其中包括不同体型的猫科动物、专挑好下手的虚弱动物的鬣狗以及通过惊吓兽群来孤立幼崽的狩猎狗群。在生态学家看来，所有这些成群结队地生活的动物都是排斥原理的有力例证：一组物种对应一套生态位，而每一个单一生态位都是一种能够确保占据其生态位的物种不会与周围生物竞争的生活方式。

相较于争斗，和平共处才是我们这个适者生存的世界的至高法则。对于达尔文式物种，一个完美适应的个体注定会过上一种特化的生活。这样一来，它就能最大限度地避免与生活在附近的其他物种进行竞争。自然选择只对试图掠夺其他物种生存空间的反常侵略物种苛刻而严厉。我们必须明白，正是自然选择驱动的进化使得不同物种得以如此和平地共处。这个非常重要的事实能够帮助我们理解我们周围庞大的生态系统的运作。当然，它同样也是生物学最为振奋人心的一课。

第十四章

狩猎动物是怎么捕猎的？

第一个被狼抢走羊的牧民或许对狼深恶痛绝，于是他就把对狼的此般仇视传给了他的后人，从而使狼成为童话故事里的怪物。在欧洲，封建领主的责任之一就是对狼展开猎杀。他们对这份工作可谓相当尽职尽责，以至于在他们的领地里一只狼都没有剩下。在美国阿拉斯加州，政府工作人员至今仍然坐在飞机上猎狼，并声称这么做是为"大局"着想。毫无疑问，人们对狼的这种态度一定程度上来源于我们对狼的恐惧，毕竟它们是少数能成功袭击没带火器的人的动物。但是，我们对于捕食者杀伤力的误判甚至波及了那些不会伤害人类的动物。我们会告诉我们的孩子：猫能够帮助我们"遏制"鼠患，而蜘蛛是益虫，因为它们会吃掉"苍蝇"。在美国西部的几个州，漫画里的牛仔会坐在直升机上射杀秃鹰，而他们这么做的借口就和人们灭狼时一直在用的那些一样——都怪这些鸟夺走了他们的羊。

　　自然主义者往往不赞同搭飞机射杀狼或是搭直升机射杀鸟类的行为，但是他们也发现，要从这些行为背后蕴含的观念中跳脱出来并不是容易的事。捕猎者会杀掉自己的猎物，可要是把猎物都杀光了的话，它们自己也会饿死。然而，它们显然也会主动杀死尽可能多的猎物。因此，在猎手猎杀的能力和猎物逃脱的能力之间势必存在某种"平衡"，也正是这种平衡同时控制了捕食者和猎物的数量。我们已经了解到，我们所设想的种间斗争实际上是在一片平静中发生的，而它带来的则是物种间的和平共处。难道捕食者与其猎物之间的斗争不是自然界呈现给我们所见的总体平衡的关键吗？我们倾向于认同这种简单的观点，但事实远没有这么简单。

　　我们会自然而然地将凶猛的狩猎动物（比如老虎、狮子或是更加凶猛的、能够群体捕猎的狼）设想成它们胆小猎物的末日。温驯的猎物可以通过逃走以避免被吃掉，但可以肯定的是这些捕食者必定每隔一段时间就能成功填饱自己的肚子，否则大型猫科动物以及狼也不可能存活至今。我们很容易就会将捕食者的狩猎看作是一种掠夺，就像牧民对狼此行此举的看法一样。然而，我们现有的少量针对现存大型猫科动物和狼的缜密研究得出了一个全然不同的结论。

　　很久以前，阿道夫·缪里就曾观察过麦金利山上的狼。为此，他多年生活在荒野并记录下狼的一举一动，最终给我们带来了第一份不带任何偏见的关于大型捕食动物行为的研究报告。野生绵羊是狼十分重要的食物来源，在狼捕猎的时候，缪里就在狼群附近密切地观察着它们。其实，只有在牧民没有保护好自己的羊时，他们的羊才会被狼抢走。缪里就以这种异常艰苦的方式搞清了狼都会猎杀哪些动物。

在北极地区，动物的骨头在其最终腐烂之前会一直散落在冻土之上长达数年，尤其像头盖骨这种最为坚硬的部分。麦金利山上就有很多绵羊的白化头骨。缪里收集了他能找到的所有骨头，一共攒下 608 件。据他多年以来的仔细观察，麦金利山上绵羊唯一主要的死因就是被狼杀死并吃掉。所以，这 608 件头骨相当于狼爪下受害者的一个大样本库。这些骨头本身并没有传达很多信息，但是缪里能通过绵羊角上的生长轮判断每只羊被狼杀死时的年龄。收集到的头骨来自仅仅两个年龄段里的羊，非常老的和非常小的。显然，衰弱的老羊和脆弱的幼羊就是狩猎的狼群主要捕食的目标绵羊。

麦金利山上的狼不会猎杀正值壮年的绵羊，收集到的头骨清晰地表明了这一点，而这也和缪里亲自观察到的狼群捕猎时的状况相一致。如果饥肠辘辘的狼群真如民间故事和寓言描述的那样是一种可怕的毁灭机器的话，这就有些不合常理了。狼群不猎杀正值壮年的绵羊，这一事实不可避免地会让我们得出一个结论：它们杀不了。显然，自然选择塑造出了比它们可怕的敌人跑得更快、爬得更高或者更聪明的绵羊。

最近，人们对另一个狼群的捕猎行为也进行了观察。这一次是在罗亚尔岛，苏必利尔湖中一座长 40 英里（约 64 公里）的小岛。驼鹿是这座岛上唯一能喂饱越冬狼群的大型猎物，由约十六匹狼构成的狼群在罗亚尔岛的冰天雪地里追杀的正是这些强壮的驼鹿。狼群的胃口不小，每周都要吃一头驼鹿。大卫·梅奇（David Mech）从空中对狼群进行观察，以期了解它们是如何逮到一头驼鹿的。他会记录下清晨时狼在积雪上踏出的清晰足迹，然后等到它们捕猎时，他会飞到上空对它们进行观察。他以这种方式追踪了它们六十九次。有九次，他看到了捕猎的全过程，从发现到核实，从核实到靠近以及捕杀。有两次，他碰上狼群就在飞机可着陆的位置附近捕杀猎物，于是他挥舞着手臂跑向狼群，将饥肠辘辘的狼从它们的食物周围赶开，以便近距离观察一下猎物的尸骸。在研究过许多被狼群吃干抹净、剩下的残骸之后，他彻底搞清楚了在狼群包围一头麋鹿时会发生什么。

狼是一种非常擅长追捕的动物。和经常能躲开猎狐犬的狐狸不同，一旦驼鹿留下的踪迹被狼群发现，它就不大可能避开这群饿狼了。这或许也没什么好奇怪的，毕竟利用驼鹿在积雪上留下的脚印来追踪它们也不是需要多高超的追踪技巧才能做到的事。尽管如此，大部分的驼鹿还是能够逃出生天的。狼群要么会早早地放弃这个猎物，要么与那些准备好背水一战的驼鹿发生短暂的摩擦，然后还是选择放弃。只要有一头强壮的驼鹿站定脚跟、决心与之一战的时候，狼群就会放弃然后走开。它们会合围并拖垮的驼鹿永远都是那些刚出生一两年的小驼鹿或是年老力衰、生病的驼鹿。

梅奇对狩猎行动的观察结果以及驼鹿尸骨的化验结果均清晰地表明：罗亚尔岛上的狼群从不以强壮的驼鹿作为猎物。和麦金利山上的狼一样，狼群只会从兽群中挑选容易得手的个体作为其目标：年老的、年幼的和病弱的。我们不难看出为什么狼群不对强壮的驼鹿下手，因为壮年的驼鹿实在是太过危险。毫无疑问，如果有十六头狼真打算对一头驼鹿下手，无论驼鹿有多么强壮，狼群都能得手。但是，可能会有狼因此受伤，而受伤的狼无法继续捕猎。自然选择会确保莽撞冒进的基因被清除出狼的基因库，因为这样的个体要比一般个体更容易承受致命伤，于是它们能留下的后代也更少。能从自然选择的遴选中幸存至今的狼，都是只攻击自己能毫无风险地拿下的猎物的狼。

◀153

鉴于狼群一般既不猎杀正值壮年的驼鹿也不猎杀全盛时期的羊（显然出于不同的原因），我们对于它们会调控其猎物数量的先入之见注定会引发质疑。狼确实能对它们猎物的种群数量造成一定影响，毕竟狼会杀死其猎物的部分幼崽，但是这种猎杀对食草动物种群造成的"破坏"远远达不到民间故事和"直觉"试图让我们相信的那种程度。至于其他单独狩猎的大型捕食者，它们的捕食行为就更难对其猎物的数量产生深重影响。

美洲狮，有时也被称为山狮甚至美洲金猫，是一种体型较小的大型猫科动物，但它仍然是一种强大的狩猎动物。据我们所知，它会捕猎白尾鹿和骡鹿。人们常常会对美洲狮抱有一种先入为主的错误观念：美洲狮是"毫无防备"的鹿的灾星，就像我们传统观念中的狼之于羊那样，而实际情况依然大相径庭。我们至今仍然没有美洲狮狩猎全过程的可靠目击记录，一定程度上是因为美洲狮是一种神出鬼没的动物，同时也因为我们对美洲狮的猎杀致使其在大多数栖息地消失。目前，还有一部分美洲狮生活在美国爱达荷州。最近，莫里斯·G. 霍诺克尔（M. G. Hornocker）就是靠着他在美洲狮栖息地进行的一系列追踪以及他对当地林木状况的了解获得了他的博士学位。

霍诺克尔发现，爱达荷州的美洲狮在冬天就会化身纯粹的独行侠，每一只美洲狮都占据着一小片专供它独自狩猎的领地。雪地上的脚印表明美洲狮是自愿选择独行的，因为它们通常一发现其他同类的脚印或存在就避开。即使是全盛时期的强壮雄性美洲狮也会躲开比它更弱小或是更年轻的同类。美洲狮之间不存在一方的社会等级高于另一方的情况，即使是弱小的个体也不会被驱逐出强大个体的领地。霍诺克尔认为，是自然选择让狮子们保留了各自为政的习性，因为狩猎实在是个不怎么容易的差事。大型猫科动物只有在鹿毫无戒备的时候才能杀掉它。一旦一头鹿因为在附近区域四处捕猎的美洲狮而开始警惕起来，那么另一只美洲狮就不太有机会得以成功伏击这头鹿。就算野外有很多鹿在游荡，美洲狮也必须保持低调，否则它们就抓不到鹿。如此看来，美洲狮并不能轻易地杀掉它们的猎物，更别提对野生鹿的数量造成很大影响了。

真正的大型猫科动物也不是什么没有感情的杀戮机器。乔治·夏勒（George Schaller）曾描述过老虎捕杀被拴住的家养水牛时所用的方法，但是他并没有在叙述中暗示老虎能够安全或轻松地杀掉自己的猎物，哪怕是它们在具有如此优势的情况下。老虎会对它们的猎物发动突袭。它们会半爬到猎物的背上，用尽全力将其扑倒在地，同时它们会躲开水牛猛蹬的蹄子并扼住其喉咙。水牛总是过几分钟就死掉了。这和故事中描述的大型猫科动物外科手术式的快速杀戮相去甚远。如果它们连捕杀一只被拴住的家养水牛都这么困难的话，那么一直潜伏着的老虎一般不去找强壮动物的麻烦而是将目光放在那些身体不好的动物身上也不是不可理解的了。

一般来说，大型有脊椎狩猎动物都会十分谨慎地进行捕猎。无论它是一只在平原上悄悄追踪猎物群的狮子或老虎，还是在北方的冬天里在猎物身后穷追不舍的狼，捕食者总是要面对这样一个现实：如果它想活下来，它就必须一直捕猎下去。一年五十二次的搏命扑杀最有可能导致的结果就是家系断绝。不管是大型猫科动物，还是群体捕猎的犬科动物，如果它们总袭击那些健康强壮的动物的话，那它们可能无法保证自己在一年里成功得手五十二次而且每次都全身而退。除非是在极度饥饿的驱使下，它们会尽量避免这种危险的对峙。通常，它们只会选择老的、病的和小的来开展猎杀活动。

毫无疑问，所有这些凶猛的大型捕食者都会在一定程度上影响其狩猎猎物的数量，鉴于它们会杀掉一些幼崽。但是，它们通常无法杀掉大部分的幼崽，因为捕食者的数量是相对较少的。一般来说，猎物的幼崽通常只在一年的特定时间段出现在这些捕食者的地盘上，而捕食者还是要把剩下的那些日子过活的。在春天，一只食草动物母亲需要盯防的大型猫科动物或狼的数量实际上少得可怜，因为经过只有老弱病残的动物可吃的冬天后，活下来的

◀155

捕食者的数量也就这么多了。

由此看来，体型更大、性情凶猛的狩猎动物在调控自然中动物数量方面的作用并不像所谓的"常识"声称的那么重要。其实，我们应当把它们当作没有耐心等待食物死掉的食腐动物。它们偷走了原本属于细菌的食物。这一发现让我们脑海中不禁浮现出两个相当令人愉快的想法。其一在于，和我们在马马虎虎地读完达尔文的作品后所设想的不同，被捕食的大型动物实际上并没有在张牙舞爪的残酷世界里战战兢兢地生活。数学生态学家发现，这些动物不仅会和自己的邻居和平共处，并且和我们的设想不同的是除非对其进行安乐死，否则它们并不会沉溺于被杀的恐惧。第二个令人愉快的想法则在于那些喜欢射杀大型猎物的人类在把枪口指向鹿之前，再也没有借口杀光所有的狼和大型猫科动物了。

156 ▶ 倘若大型猫科动物的杀伤力并不足以摧毁一群猎物，那小型食肉动物的火药库也许真正值得我们惧怕。蜘蛛和黄蜂才是真正高效的杀戮机器。被我们统称为黄蜂的大多数膜翅目昆虫都以捕食其他昆虫的幼虫（如毛毛虫和蛆形态的幼虫）为生，这些昆虫会刺破猎物的身体，将自己的卵产在猎物的皮肤下，随后捕食者的幼虫会以受害者的血肉为食并在那里成长，直到它们长成成体黄蜂并飞离所寄生的空壳。尽管受害者在死之前还有挺长的时间可以活，但是雌性黄蜂对毛虫发动的第一次攻击就是其捕食行为的致命一击。在这场遭遇战中，毛虫没有任何胜算。和袭击水牛的老虎不同，在黄蜂发动攻击时，它因此受伤的概率毫无悬念地等于零。当织网蜘蛛抓获在它的蛛网中挣扎的苍蝇时，情况亦是如此。同理，当身披盔甲、装备毒刺的大黄蜂像俯冲的轰炸机那样猛扎向它们在开阔地发现的蜘蛛时，情况还是如此。当虎甲猛扑向它的猎物，当螳螂举起它死神般的镰刀，当巨大的肉食性龙虱发现一只小小的蝌蚪时，情况均如此。在所有这些场景下，这些猎物唯一的希望就是躲过捕食者的眼睛或者及时逃走。因此，我们可能会认为，比起大型捕食者，小型捕食者会对它们的猎物造成更强的影响。

这些小型捕食者强大的杀伤力已经被昆虫学家的成功故事所验证。这些昆虫学家通过引入一种合适的天敌消灭了农田里的庄稼害虫，这种做法也就是所谓的生物防治。在生物防治的一众案例中，最值得称道的就是加利福尼亚人将一种名叫吹绵蚧的不会飞的白色小昆虫赶出了橙树园。这些虫子在十九世纪八十年代泛滥成灾，险些让整个柑橘产业毁于一旦。吹绵蚧是澳大利亚的本土品种，它大概是跟着进口的水果一路漂洋过海来到加利福尼亚的，于是加利福尼亚州的昆虫学家赶赴澳大利亚以寻找吹绵蚧的天敌。他曾经考虑过黄蜂并找来了一些，但是结果证明它们派不上用处。随后，他找来了澳大利亚的一种本土瓢虫，学名就叫澳洲瓢虫。它是一种小小的带黑色斑点的红色瓢虫，类似于欧洲和北美洲较为常见的那些瓢虫。他总共将 129 只活的澳洲瓢虫带到了加利福尼亚州。

每年一月，人们将澳洲瓢虫放在受吹绵蚧侵害最严重的橙子树上，再用一层棉布罩把这些树木罩住。等到四月，被罩住的橙子树上已不再有吹绵蚧，而是爬满了大量的瓢虫。于是人们打开

◀157

棉布罩，好让瓢虫能够出来。到了七月，整个果园里的七十五棵树上都不再有害虫了。这个消息很快就传开了，许多种植园主远道而来为的就是取几只珍贵的瓢虫送回他们自己的庄园。不到一年，整个加利福尼亚州南部就摆脱了这场吹绵蚧之灾。

澳洲瓢虫这种漂亮的瓢虫证明了自己是一种比狼或虎致命得多的捕食者。它们孜孜不倦地搜索着自己的猎物，并杀伐果断。它们能迅速地将从猎物尸体处获得的卡路里用于孕育下一代，而在短短的二十六天之后，它们的下一代就会准备好开始新的猎杀。正如我们所看到的那样，澳洲瓢虫凭借着这种凶猛的攻击在短短的一个季节里就消灭了整个地区的所有猎物。但是，这些瓢虫之后该做什么呢？

澳洲瓢虫的成功只有部分归因于它们的杀伤力和高度机动性，剩下的则要归功于它们的目标是如此集中。在澳洲瓢虫和吹绵蚧的家乡——澳大利亚的野外可没有任何橙子树，这两种昆虫食物都来自森林中零星分布的树木。生活在一棵孤零零的森林树木上的吹绵蚧群在会飞的瓢虫发现它们并开始杀戮之前能繁衍好几代，而狩猎它们的澳洲瓢虫必须派出自己的下一代作为先锋队来搜寻生活有其食物的新而偏远的树木。吹绵蚧能够通过分散地住在不同的地方来躲避它们的捕食者，而它们的瓢虫天敌则需要通过坚持不懈的搜寻来维持生计。

在加利福尼亚州的首次屠杀过后，澳洲瓢虫和它们的猎物之间似乎又建立起了类似于双方祖先在澳大利亚时的模式。在随后的几年里，虫灾没有再出现，但如果观察得足够仔细，就会发现一小群吹绵蚧聚集在果园里的某处，不过数量非常少，因此不再是果农的心头大患。一小部分吹绵蚧幸运地躲过了澳洲瓢虫的攻击。在躲过瓢虫的屠杀之后，它们又建立起了新的群落。每一个群落都能够存活下去，直到一只四处觅食的瓢虫发现它们，随后它们又会被迅速消灭。但是，与此同时，另一个群落又会在别的地方建立起来。澳洲瓢虫和吹绵蚧的生活变成了一场在整个加利福尼亚州范围内的捉迷藏。

对于许多小型动物，捕食者和猎物之间的捉迷藏会永无止境地继续下去。这一结果是捕食者超强的杀伤力所促成的，无论是根据常理还是利用严谨的数学方法推演，我们都可以得出这一结果。科学家所建立的方程式表明，猎物数量的增长呈标准的几何级增长，而捕食者的攻击会削减这种增长。在这种模式下，捕食者的每一次攻击都必然导致猎物死亡（小型捕食者确实有这样的本事），而每个捕食者都会通过适当的繁殖时间差将它的受害者间接地转化为更多捕食者。其结果则是，随着捕食者数量的增长——中间可能出现些许波动和反复，猎物将被完全消灭。这就是我们在自然界所见证的场景。猎物在局部地区会被完全被消灭，◀159 正如高效狩猎模型所预测的那样，但是这场游戏还会在其他的什么地方重新开始，而开启下一轮游戏的就是从上一轮游戏中幸存下来的难民。最终的结果就是，零散分布的猎物种群在很多世代都能安全无虞地生活，但是偶尔也会遭遇局部被剿灭的情况。

即使这场游戏是在一排排橙子树这样整齐划一的棋盘上开始的，再加上加利福尼亚州如此适宜的气候条件，这种狩猎模式同样也会出现。不过，在大自然中还存在很多其他阻碍猎食者的因素。例如，猎物的植物食物本身就是分散的，并且在自然环境中存在更多不利于搜寻和逃跑的物理障碍，还有变化的季节，更不用说变幻莫测的天气，都会妨碍捕猎者的狩猎行动。

在四季分明的地区，捕食者和猎物都必须挨过一段相当难熬的日子，比如漫长而寒冷的冬天。此时，它们必须以种子、卵或是休眠的成年动物的形态保持相对静止。通常只有少数动物能够挺过这段萧条的时光。因此，每当生长季来临时，一轮新的游戏开始了，这场游戏在某种程度上甚至具有竞速的性质。少数挺过了冬天的猎物开始着手繁殖，而春天里郁郁葱葱的绿色植物能够为它们提供大量的食物，这或许也在一定程度上促进了它们的繁殖。与此同时，捕食者还找不到太多东西可吃，因此无法产下很多的后代。直到夏季末，当猎物的种群开始变得庞大起来，捕食者才能产下大量幼崽。捕食者可能没有足够的时间来建立一个特别庞大的种群，因为不久之后，当下一个冬天来临时，棋盘将被清空，而游戏也将重新开始。

因此，小型捕食者与其猎物的生活从根本上就和大型动物与其猎物的生活不同。大型捕食者会生活在猎物的周围以及它们的视野中，比如非洲的狮群在太阳下躺倒时，猎物的动物群甚至会在它们周围漫步。这主要是因为大型猎食者的武器并没有精良到能让它们安全地肆意滥杀。然而，这种和平共处对于小型捕食者和它们的猎物来说是完全不可能的，因此它们必须较为分散地生活，一个逃离、躲藏，另一个搜寻、杀戮。此外，大型动物需要

160 ▶

经历很多不同的季节，这让它们能够抵御季节变化的影响。短命的昆虫类生物光在一年中就要迭代好几次，因此它们在不同季节中存活的是不同的世代。冬天这样的不利因素会对捕食者和猎物的数量造成不同程度的冲击。这意味着捕食者常常会因为种群的进一步分散或数量的进一步减少而无法发挥它们高超的捕猎能力。大型捕食者能与猎物和谐相处，在很大程度上是因为它们缺乏足够的杀伤力。小型捕食者和猎物即便无法全然地和谐共处，也是能相对安全地共存的，毕竟致命的杀伤力、运气以及各自的短命三大要素结合在一起，使得这些对手较为分散地生活在不同的地方。

◀161

第十五章

空间的社会性需求

　　我们对鸟类的了解或许多于对其他任何动物的了解。鸟类是一种迷人的生物，也是非常常见的动物。无论是外行，还是博物学家，都知道它们会迁徙、它们会求爱、它们会在春天返回祖先的繁殖地以及它们会在清晨鸣唱。我们对大自然的许多感受都是由这些我们所熟悉的鸟类活动塑造的。当然，这些认识一定有助于我们产生一种释然的感觉，让我们知道自然界中势必存在着某种平衡。

　　鸟类的数量其实在每一年都差不多，这一点非常奇怪，因为我们是亲眼看着它们养家糊口的。繁殖季结束时，鸟类的数量肯定比开始时多上许多。如果我们把所有幼崽和它们双亲的数量加在一起的话，甚至也许能翻上一番。可等到来年春天，还是只有差不多数量的巢穴会被鸟儿占据。生活在乡村地带的村民从很久以前就大致明白这一点，只是如今我们对繁殖鸟类所做的大量可靠的数量调查能证明事实确实如此。我们手头有针对英格兰的鹭、德国的鹳和荷兰的山雀在长达四十年的时间跨度中的可靠普查数据。每一年在开阔地带进行繁殖的鸟类数量基本上是稳定不变的，除了偶有几年会出现下降的情况，而其背后的原因也显而易见。我们可以靠1947年冬天过后英格兰的鹭了解这种数量上的下降，这是因为那个冬天是有史以来最寒冷的冬天之一，不少鹭就死在了结冰的水边。因此，第二年春天，鹭群繁殖地出现的空巢现象也就不难解释了。不过，在大多数情况下，普查数据都肯定了乡村村民的看法，即每年都有差不多数量的鸟类在进行繁殖。然而，这一现象并不那么容易解释。 ◀162

　　我们可以简单地描述一下这个问题。在春天和夏天，鸟类的数量会增长，尽管我们并不清楚到底能够增长多少。它们肯定会增长，而每年到底增长了多少要取决于这个繁殖季是好是坏。可是，当下一个春天到来时，返回这里繁殖的鸟类基本上还是这个数量。显然有某些情况发生而使得由去年的繁殖所造成的数量盈余被彻底抹除。这也不是不能理解的，因为它们必须挨过一个冬天才能来到下一个繁殖季。真正的疑问在于，无论冬天发生了什么，哪怕入冬时鸟类的数量每年都不一样，每年回到这里繁殖的鸟类数量却总是一样的。

　　我们首先想到的就是这些鸟类在冬天也遭遇了拥挤的难题，可以参考高泽那些密密麻麻布满玻璃离心管的草履虫，或者在面粉里拥挤着艰难存活的拟谷盗。这种压力无疑会在冬天出现，因为对食物的抢夺会在冬天变得激烈，而要在冬天找到一个能够躲避风寒的庇护所可不容易，毕竟鸟的总量又变大了。由此看来，鸟类的越冬率取决于可用庇护所的数量、荆棘丛的数量、能够避风的低洼地的面积等众多因素。但是，我们很难相信，拥挤在这些栖息地能年复一年地把冬天过后整个族群的数量精确控制在同一个水平。且不论需要如何微妙的机制才能达到这样的效果，就163 ▶ 算是冬天都不可能每年一模一样。

　　无论拥挤所造成的压力在冬天会对鸟类造成怎样的影响，它都必须通过杀戮来造成这些影响。限制实验室玻璃器皿中拟谷盗、果蝇以及草履虫的数量的拥挤压力是通过抑制出生率并提高死亡率来实现的，但是冬天对于鸟类的数量限制只能通过杀戮来发挥作用，因为鸟类不会在此时繁殖。因此，有些生态学家认为，是捕食者在控制它们的数量。然而，他们目前还没有找到任何实地考察证据可以证明空中的捕食者能够发挥这样的作用，而且由于无法效仿前一章中通过近距离观察野外环境中的捕猎过程来找到证据支持的做法，他们也就从未尝试过这样的观察。所以，问题还是没有得到解决。在春季的数量普查中，我们发现回到繁殖地繁殖的鸟类数量每年都差不多，哪怕在每年秋天它们的数量可能会极不稳定。尽管我们也许能理解鸟类数量的过剩在冬天会得到一定程度的控制，但是我们很难相信冬天的恶劣条件能如我们所见的那样如此精确地校准鸟类的数量。

　　如果我们不能在冬天找到答案，那么去春天寻找答案似乎是合乎逻辑的做法。假如亲代鸟的数量以某种方式（比如说在某种环境参数的控制下）保持恒定，这样能解释我们的观察结果吗？
的确有可能。我们每年统计的都是参与繁殖的亲代鸟的对数，是
参与繁殖的鸟类的数量每一年都能保持不变。对于大多数鸟类，
我们甚至很难明确是否存在活到了春天却没有参与繁殖的个体，
更不用说去统计它们到底有多少了。

　　我们知道有一些种类的鸟类群体中生活着还未准备好进行繁
殖的幼鸟，银鸥此类寿命较长的海鸟显然就是较为典型的例子。
这些物种之所以会推迟它们的繁殖，在于它们需要花很长时间练
习在海岸地带寻找食物，其后个体才有足够能力为成长中的雏鸟 ◀164
提供食物。这些不参与繁殖季的群体仍然没有帮助我们解决数量
不变的问题，特别是对于那些短命的鸣禽，按理应该不大可能会
出现这样的情况。这个假设需要的是那些有能力并准备好进行繁
殖却没有机会这么做的鸟类种群。乍看起来，这似乎不大可能。
自然选择不应该顺应这种做法。

　　现存的会选择繁殖的鸟类都是那些有着超强生育能力的鸟
类。它们的每一个个体必须携带善于繁殖的基因。它们必须拥有
同等的繁殖机会，而那些不繁殖的鸟类都将被自然选择无情地淘
汰。所以，繁殖者的数量是固定的，即便有更多活着的小鸟，繁
殖者的数量也不会增加。这样的观点对于很多生态学家来说是难
以接受的。然而，我们知道鸟类的很多习性都要求每一群鸟、每
一对鸟甚至每一只鸟都占据一定的领地空间。我们把这些习性称
为"领域性"。如果一只鸟，特别是一只处于繁殖期的鸟，出于某
种原因需要一部分最起码的属于自己的空间或领地，那么春天时

繁殖鸟类数量的稳定也就不难解释了。进行繁殖的鸟类的数量将是关于可利用的领地数量的函数，而领地的数量每年都是一样的。

鸟类"拥有""领地"早已不是什么新鲜观点了。塞耳伯恩的吉尔伯特·怀特（Gilbert White）就曾在这一话题上有所论述。甚至早在怀特提出其观点的一百多年前，也就是1622年，罗马学者奥利纳（Olina）就在其著作中提到过夜莺"对领地的终身保有权"。如果古希腊以及古罗马那些被遗忘的博物学家没有提到过这一现象反而让人奇怪，更不用说石器时代我们生活于乡间的祖先了。但是，现代博物学家现在所知，亦为普罗大众所知的一切都要归功于一个人，这个人就是艾略特·霍华德（Eliot Howard）。五十年前，霍华德对英国鸟类进行了悉心的观察，并把他的发现发表在对后世影响最深远的开创性科学著作之一《鸟类生活中的领地》（*Territory in Bird Life*）之中。与其他具有深远影响的观点一样，鸟类有领域性的观点也被用于佐证各种奇怪的命题。我们最好忘记我们可能听说过的各种论点，先跟随艾略特·霍华德观鸟，去了解一下他都观察到了什么，去搞清楚鸟类的领域性到底意味着什么。只需要通过效仿他对众多鸟类中的一种小鸟进行观察，我们就能了解霍华德究竟发现了什么。这种小鸟是一种小小的、有着黄色脑袋、名叫黄鹀的英国小雀。

黄鹀会整年生活在英格兰地区。这种小鸟，特别是雄性，以其黄色的小脑袋和停驻在乡间小路边的围篱桩和大门上唱着《一点点面包，不要奶酪》这首奇怪小曲的习性而引人注目。在冬天，黄鹀会结群生活。它们的小鸟群里有雄性黄鹀、雌性黄鹀，甚至

165 ▶

其他种类的鸟。然而，一到春天，霍华德发现，雄性黄鹀会开始稍微远离它们的鸟群，在木桩上停驻好一会儿并练习它们的歌曲。很快，这些雄鸟就愈发远离它们的鸟群，它们会在木桩上待上更长的时间，"一点点面包，不要奶酪"的鸟鸣声也就成了人类最常听到的乡间乐曲。这些雄鸟似乎是在一种看不见的强烈冲动的支配下停在它们自己挑选的桩子上的。在通过双筒望远镜对鸟群进行观察时，霍华德看到黄鹀会突然离开它们的木桩又再猛扎回来，仿佛忘记了什么东西一样。随即，它又开始高唱："一点点面包，不要奶酪。"

最终，这个鸟群会彻底瓦解，所有的鸟儿都各奔东西。到那 ◀166
时，所有雄性黄鹀都占据着自己最喜欢的栖木，它们会在这些栖木附近完成所有的觅食活动，还常常落回栖木上放声歌唱。原来，雄性黄鹀是鸟群的一部分；而现在，每只雄黄鹀都是孤身一只，其领地和其他鸟的领地分开，每一只都用歌声宣告自己的存在。这些分隔的雄鸟开始变得易怒，它们会愤怒地冲向任何接近它喜欢的落脚点的其他雄性。有时它们会在空中为此大打出手，这是春季鸟类的标志性行为。这种武力展示很快就会结束，一只小鸟会飞走，另一只则会回到它占据的木桩上继续高唱它那关于面包和奶酪的歌。

在这一阶段，雄鸟会表现得非常不合群：冷漠、孤僻、易怒、爱卖弄，显然渴望与其他雄性黄鹀或是接近它们的任何其他种类的鸟来一场仪式性的搏斗。那些喜欢用人类动机来解读动物行为的人从很久之前就惊奇于雄性鸟类在春天所做出的一系列挑衅、炫耀以及攻击性行为，他们对此做出了这样的判断：这是鸟绅士们为了求偶所展开的竞争。就像古时候的骑士那样，雄鸟必须高声示意挑战以吸引淑女们的目光，随后他们会为淑女的垂青而与对手拼死战斗。这就是适者生存法则的最好体现。只有完美的战士或者说体格上的最适者才能得到繁衍后代的机会。这种对达尔文观点的曲解一度成为二十世纪最严重的军事欺凌的借口。同时，霍华德注意到，这些争斗往往在雌性尚未到场之前就已经开始了。在英格兰以外地区越冬且雄性比雌性更早一些返回的其他种类的鸟中，这种情况更为明显。在它们的准配偶还远在另一个国家的

167▶ 时候，这些雄鸟已经开始了"战斗"。

　　我们需要根据结果来判断雄鸟唱歌的目的是什么，它们又为什么会如此好斗，毕竟那时它们的准配偶还没有到来。大多数情况下，没有任何一方会在争斗中受伤，因为这种争斗本质上是仪式性的。此外，那些一开始就抢占好地盘的雄鸟总是会"赢"，而入侵者会飞走。因此，攻击本身并不是这一行为的目的。春天的这场盛大表演真正导致的结果是雄鸟均匀地分布在整个地区。它们中每一只的脑海里似乎都有一个坚定的信念，就是某个木桩的邻近地带就是自己应该在的位置。这种领地间的分隔以及领域意识是它们的行为带来的最主要的结果，也是它们进化的目标。

　　雄鸟用它的歌喉来吸引雌鸟似乎也是个足够合理的说法，特别是对于那些散布在其他地区且迟来的雌性要去寻找雄性的候鸟。果然，每一只雄黄鹂身边之后都会有一只雌黄鹂相伴。然而，它们的小曲儿肯定还有其他的功能，因为雄鸟在找到伴侣后仍然继

续歌唱着，仿佛这首歌对于这对爱侣具有某种永久的价值。

每一对鸟都会在雄鸟第一次练习歌喉时所占据的有利位置的附近筑巢并养育后代。它们同样会在这片已经被雄鸟视作家的区域附近觅食。不论雌雄，它们都开始变得易怒，不能容忍其他鸟类的存在。现在它们都会扑向入侵的雄鸟或雌鸟；有时，甚至雌黄鹂也会猛冲向一只入侵的雌鸟，实打实地对它发起攻击。

在霍华德看来，这种习性所带来的好处是显而易见的。雄鸟在早春时节的歌唱以及自我孤立将直接导致它们在伴侣来到身边时自然结成孤立、分开的一对对。显然，每一只雌性都将习惯周遭的环境，而它们对家园的一致认同感能够让它们能继续一同生 ◀168 活。一个显而易见的结果就是这对小鸟将会被绑定在一起，它们之间会建立起类似于婚姻的关系。当然，鸟类还会利用其他机制来维持它们的配偶关系。许多鸟类（包括企鹅和天鹅）还会与配偶结成终身伴侣。不过，任何能够让一对轻浮的候鸟爱侣在抚养后代的过程中好好待在一起的机制都有利于繁殖工作。所以，霍华德认为，自然选择保留动物领域性的一个原因就在于领地能加强伴侣间的纽带。保护共有领地的行为会让爱侣们团结在一起，又能通过双方都无法忍受第三者存在的本能，保护这个繁殖单元不因三角关系而遭到破坏。

不过，霍华德也强调，这种习性还带来了另一种影响，而这一影响在现代生态学家眼中看来更为重要：每对小鸟都获得了一片靠近巢穴的、专供它们觅食的土地。如此一来，它们就能够更为高效地为它们的幼雏收集食物而不必把力气浪费在东奔西跑上。

也许更重要的是，固定领地还能确保附近空间的食物完全为它们所用，而不会落入与它们竞争的其他同类囊中。这样确实有益于大子策略的执行。在雄鸟彰示领地的早期阶段，鸟类身上会发生一系列生理变化，这决定了它们能够产下多少枚蛋。与此同时，它们的领空边界，也就是它们与其他鸟类发生冲突的地方，会在这种反复的交锋中被确定下来。因此，领地的确立实际上涉及将食物供应按照家庭规模进行分配的过程。显然，这会提高雏鸟生存下来的机会。因此，这种行为背后的遗传基础也会被自然选择保留下来。

这种习性也会带来其他的优势：让鸟类停留在它们熟悉的地方，从而方便它们躲避捕食者；通过尽可能避免与同类接触以减小疾病发生的概率；能够使巢穴仅供私自使用；等等。霍华德对这些优势一一进行了讨论，尽管如今我们已经收集到更多的数据，可关于这些优势的争论从未停息。也许独属的食物供应是其中最不容忽视的好处，但是稳定的婚姻关系同样意义非凡。重点在于，霍华德提出了他的假说，以达尔文主义的逻辑所能接受的方式对春天里鸟类的种种行为进行了彻底的阐释。歌唱、炫耀以及标志性的搏斗都属于一种行为模式的组成部分，而这种行为模式的优势在于它能让鸟类以较高的成功率将资源转化为后代。这种行为模式会提升物种的适合度。任何对这种行为模式的严重偏离都有可能导致其繁殖的成功率降低，进而导致其家系断绝。

然而，这种习性所带来的另一个结果也应得到强调，因为它不仅招致了非常多的误解，甚至还被彻头彻尾地恶意解读了。正是这种情况使得霍华德称鸟类的这些行为为"领域"（territorial）行为。可慢慢地，"领域"（territory）的概念还是越过了生态学界的行话，开始被更广泛地用在英语中，故而引起了某些危险的曲解。真实的情况是，黄鹂之类的鸟类会占据它们觅食的空间，它们会控制一片区域，甚至会捍卫它的边界以防止这里被其他同类入侵。正确看待这些举动的方式，是把它们看成其习性的副作用；它们是不可避免的，但始终是副作用。其习性本身是一种包含歌唱、跳舞以及追逐等行为的模式，是一组信号，而表达的意思都是"离我远点儿"。从进化角度看，这种习性的好处在于，它能让一个刚添新丁的小家有足够的食物储备可用，还能将巢中的双亲紧密联系在一起。但是，从人类的视角来看，每一对小鸟周围的空间就好似它们的私有领地一样。◀170

考虑到人类语言的局限性，我们很难在英语中找到"领地"以外的词汇用以描述鸟类抚育自己后代时所处的这些空间。霍华德极力强调，鸟类之所以会唱歌和"打架"，就是为了确保亲代鸟的团结一心以及它们有足够的食物提供给幼雏，在找不到更合适的词的情况下，这种习性姑且被称为"领域"行为。少数人抓住了"领地"这个热词大做文章，声称鸟类唱歌和打架都是为了争夺领地，但是没有任何证据能够证明这是它们的目的。领域行为所表达的意思是"离我远点儿"，而不是"这是我的地盘"。

"离我远点儿"是一种二维空间层面的需求。鸟类需要有独属于自己的空间，而地球表面的空间显然是有限的。所以，我们随即就会产生这样一个想法：鸟类的领域性限制了每年春天繁育后代的鸟类的数量。正如动物行为学家彼得·H. 克洛普弗（Peter H. Klopfer）所说的那样："如果领地在缩小到一定程度后就不能再缩小了的话，如果成功繁殖的必备条件是一只鸟必须拥有自己的领地的话，那么领地在调节鸟类数量方面的功能就是毋庸置疑的。"［引自《栖息地和领地》（*Habitats and Territories*, 1969）］在某些生态学家看来，对于在春天繁殖的鸟类数量为什么会保持恒定的问题，比起过剩的幼鸟会在冬天死去从而实现调节，这个解释多少会让他们的内心宽慰一些。但是，在我们沉溺于这一解释诱人的舒适感之前，我们必须先带着怀疑仔细审视一下这个观点，因为无论是从现实的角度看，还是根据我们的知识进行判断，它依然存在一些很难解释通的地方。

鸟类领地的实际大小是可变的。很多博物学家都绘制过春季鸣禽领地的分布图，毫无疑问，领地的大小会根据当地的实际情况（包括需要领地的鸟类的数量等）而发生变化。对于某些并非鸣禽的鸟类，有证据表明它们的领地大小每一年都会发生巨大的变化，这显然与食物供应密切相关。举个例子，中贼鸥是一种形似海鸥的大型鸟类，它们会在北极苔原上筑巢，以旅鼠和田鼠来喂养它们的后代。在苔原上遍地旅鼠的好年份里，它们每隔几百英尺就会筑一个巢；而一旦旅鼠短缺，它们的领地面积能够扩展到数英亩；对于那些根本找不到旅鼠的年份，它们压根不会费心筑巢。因此，领地显然不是一个一成不变的数字指标。然而，如果领地存在一个不能再缩小的最低面积的话，那么它就能够为鸟类的数量设置一个上限。对于为什么很多地方的鸟类在春季普查

171 ▶

中能保持数量大致不变的问题，这是冬天的影响以外，我们唯一可以举出的答案了。

还有一个原因让我们不得不对领地决定繁殖鸟类数量的观点保持怀疑，而这个原因更加重要。领地决定论假说的一个前提是必须有一群被剥夺繁殖机会的个体存在。没有领地的个体将无法拥有后代，因此也不能把它们的基因传递给自己的子孙后代。自然选择怎么会允许这样的行为持续存在呢？这毫无疑问是对所有我在本章提到的关于过剩不繁殖群体观点的批驳，而且它也是一个非常有力的论据。当然，我们也完全可以回避掉这个问题，毕竟过剩的鸟类无法繁殖是因为它们无法赢得自己的领地这种特殊情况。假如所有个体一开始都有平等的获得领地的机会，只不过那些更老的、更有经验的鸟可能知道具体要怎么做，从而更占优势（尽管智力有所欠缺，鸟类可是一种具有非常强大的学习能力的动物）。那么，某一个体占据自己的领地完全是运气使然，也不是完全没有道理的。因此，我们进一步假设，没有过剩的鸟类会在没有领域的前提下进行繁殖从而破坏整个体系，因为领域行为对于繁殖过程是不可缺少的。这同样是个合理的假设。

◀172

我们不妨从败者的角度考虑一下一场领地争端的结果。就和胜者一样，败者也携带了告诉它要"出去展示自己，找一个你喜欢的地方，让其他鸟离你远远的"的基因。但是就和胜者一样，败者的基因同样给它制定好了一套程序在提醒它："如果你的对手信心满满，这意味着它之前一直是赢家，不要和它过多纠缠。"如果败者没有这套在它该放弃的时候告诉它放弃的程序，那又会发生什么呢？也许它会拼尽全力打上一架或至少坚持攻击。但是如此一来，它繁殖后代的机会就极为渺茫，甚至为零。它可能引起一场大骚动，使得这一领地占据者的繁殖努力毁于一旦，同时也不会给它自己带来任何好处。在一个冲突不断的环境中，它是无法留下自己的后代的，而它的那个"不放弃"的好斗基因也不会被遗传下去。可如果它在一场它明显不会获胜的遭遇里选择放弃的话，它或许就能得到繁殖的机会了。它可能会在其他地方找到自己的领地，或者更有可能的是，它从自己的遭遇中吸取了许多教训，最终决定明年再考虑寻找领地和建立家庭的事。因此，在领地纠纷中及时放弃对于败者来说是有利的。放弃同样是一种"适应"的选择。

至此，我们就建立好了一套似乎可信的假说，来解释由春季繁殖鸟类数量不变的现象揭示出的大自然维持某些平衡的方法。在冬季的拥挤效应将鸟类的数量限制在一个差不多的水平上之后，由于繁殖所需的领地的大小无法无止境地压缩，其数量将得到进一步地微调。这个假说暗示，在某些年份里，势必会有相当数量在生理上有能力繁殖的成鸟没有进行繁殖，只因它们没有自己的领地。因此，要验证这一假说，我们必须设法证明这种不繁殖的群体的存在。有一项研究为这个假说提供了最有力的证据，我们不妨就把进行这项研究的科学家称为"缅因枪手"。

这些被我称为"缅因枪手"的科学家最初研究的并不是鸟类的种群调控，他们在那时也未曾料想过，自己会因为发现这些对我们理解鸟类繁殖策略的至关重要的证据而名声大噪。他们受聘

173 ▶

来研究一种名叫云杉芽虫的毛虫害虫，这种害虫在美国缅因州的针叶林中肆虐。有好几种莺以云杉芽虫为食。这些小鸟会在云杉树上筑巢，几乎完全依靠云杉芽虫来喂养它们的后代。我之前已经叙述过罗伯特·麦克阿瑟发现那五种莺分享这一丰富的食物来源的方式的整个过程。这些繁殖鸟类似乎确实能对害虫产生一定的抑制作用，而缅因枪手决心证明这一点。他们的计划很简单。他们选择了两片较为典型的森林，消灭其中一片森林里的所有小鸟，再对有鸟和没有鸟的森林里的虫害情况进行比较。当然，在消灭鸟类之前，他们都会记下鸟类的数量。这一系列做法为了他们之后激动人心的发现奠定了基础。

◀174

　　凭借一点经验以及必要的耐心和执拗，精确计数在森林中繁殖的鸣禽数量还是相当容易的。这个团队记录下所有唱着歌的雄性鸣禽的所在位置，并跟踪它们回到巢穴，再绘制巢穴的位置分布图。缅因枪手选择了一处占地 40 英亩的森林来进行他们的实验。他们花了两周的时间进行观察并记录，最后发现这片 40 英亩的土地上有 148 对莺在繁殖。随后，他们带着猎枪回到森林并开始射击，他们的目标就是杀掉这片森林里的所有鸟。他们知道这 148 对小鸟生活的地方，因而预计这会是一场迅速而彻底的屠杀，但是他们所花的时间远超过预期。在三周之后，他们一共杀掉了 302 只雄鸟和略少于这个数字的雌鸟，可森林里仍然有鸟儿在歌唱。森林里最初一共有 148 只雄鸟在繁殖后代，随后有 302 只雄鸟被杀了，然而它们仍然没有被赶尽杀绝。

　　枪手们在这片森林里所射杀的展露出繁殖习性的雄鸟数量甚

至超过了他们一开始在这里观察到的数量，这意味着多出来的雄鸟在原住民被消灭的同时飞进了这片森林。此时正值鸟类的繁殖旺季。如果这些多出来的小鸟正在其他地方进行繁殖，它们就不可能替代那些被射杀的小鸟。显然，的确存在一群因为没有自己的领地而不进行繁殖的小鸟。

175 ▶　缅因枪手同样深知这一发现的重要性。他们中的一些科学家第二年再次来到这里以确认他们的发现，我们可以想象他们在进行第一次计数时内心会有多么焦急。这一次，他们一共统计出154对繁殖对。他们随后又拿起枪，杀掉了352只雄鸟和数量可观的雌鸟。在他们放弃时，仍然有鸟类在不断进入这片森林。由此，我们得到了确凿的证据能够证明过剩的鸟类是存在的。

缅因枪手所得到的结果仍然存在一个古怪之处。每一次，枪手们射杀的雄鸟的数量都要多过雌鸟，就好像只有雄鸟在繁殖中是过剩的一样。然而，我们没有理由相信，这群小鸟中雄性和雌性的数量是不对等的。一个可能的原因在于，此时繁殖季已经开始很久了，以至于有些雌鸟已经完成交配了。这些小鸟的繁殖策略就是让雌性在春季适当的时候保持性活跃。枪手们在森林里还满是繁殖对的时候来到这里、开始计数、随后再花上些时日进行射杀，而等到那个时候，雌鸟已经过了求偶期。即使是未繁殖的雌鸟的交配季也已经结束了，可此时还有很多雄鸟在进行性展示，它们依然在等待交配的机会。

其他通过大规模射杀鸟类进行的研究给出了一些类似的数据，但是数据量不是很多，因为这种研究显然是不受待见的。然而，还有一些不那么血腥的研究证明，鸟类的数量对于领域空间来说是过剩的。有人曾花了数年在澳大利亚追踪一群黑背钟鹊，他发现这群黑背钟鹊永远会分成两个小群，其中数量较少的那一群会进行繁殖，而数量更多的不繁殖的黑背钟鹊永远在漂泊而无法找到自己的繁殖地，除非族群里有成员死亡从而空出一个繁殖地。对欧洲多种山雀和松鸡的观察结果也表明，鸟类的领地大小 ◀176 确实存在一个底线。这些鸟类无法成功配对并养育后代，除非它们得到一定的实体空间。这些证据也许已经足以证明这个假说的合理性。

现在，我们或许可以相信，每年参与繁殖的鸟类的数量能够保持恒定，在一定程度上是由它们的筑巢模式决定的，这种模式要求每一对打算繁殖后代的小鸟都必须拥有属于自己的足够的空间。但是，该模式只是意外地对种群大小起到了限制的作用。我们必须要强调这一点。鸟类中并不存在一个能够限制它们种群规模的机制，它们所拥有的不过是一个由自然选择塑造的领域性繁殖体系，这个体系的目的是提升它们能够哺育的后代的数量，而不是限制它们的数量。不过，这个机制还有一个古怪的副作用，那就是它会为鸟类种群的数量设置上限。

许多更加复杂的行为模式很可能具有相似的副作用。典型的例子亦可见于我们能在很多不同种类的脊椎动物身上发现的社会等级制度，其中就包括我们所熟知的鸡的啄序。啄序势必有它存在的价值，要不然这种行为就不会被进化出来。我们能从某些方面看到这一行为所带来的好处。确立了自己社会等级的鸡都是爱好和平的鸡，它们会专注于觅食，而不会把精力浪费在无尽的争端上。一旦社会秩序得以确立，所有的鸡，无论地位高低，都会开始哺育更多的后代。一只鸡，哪怕处于啄序底层，也会活得比它处于无阶级状态时要更好。当然，毫无疑问，一旦拥挤的问题出现，处于啄序底层的鸡的处境可能会相当艰难。如果鸡群变得越来越拥挤，处于底层的鸡可能会被彻底驱逐出它们的社群。这可能意味着它将没有机会繁殖，但是服从依然是它最好的选择，因为它可能会找到另一个可以生活的地方，而在那里它或许会有更高的社会地位。如果这个被放逐者不够幸运，那么总的繁殖努力将会受到真正的遏制，自然选择所塑造的另一个用于促进繁殖成功率的机制同样会产生为种群规模设置上限的副作用。

不包含任何空间因素的社会生活是几乎不可能存在的。最近，对于祖鲁兰一个野生动物保护区内白犀的社会生活的某些发现也很好地印证了这一点。诺曼·欧文-史密斯（Norman Owen-Smith）就像霍华德追踪鸟类那样追踪着一群犀牛，而他也获得了同样有趣的结果。他首先观察到的一个现象就是成年公犀牛的分布模式对于那些了解鸣禽的领域概念的人来说可能有些眼熟。每一只公犀牛都独占了大约 2 平方公里的土地，欧文-史密斯通过观察犀牛的行走路线确定了它们的领地范围。公犀牛不会通过唱歌向母犀牛推销自己，而是成堆地排遗，在用脚去踢粪便的同时做出一些适当的仪式性动作，包括用脚蹭地和摩擦自己的犀角。在每天巡查领地的过程中，公犀牛还会通过生殖器喷洒出大量带有剧烈气味的液体。因此，公犀牛也会划定出一个不允许同类接近的空间，就像雄鸟会通过鸣叫发出警告一样。一旦公犀牛在这些空间的交界处相遇，它们之间的对峙也与具有领域本能的鸟类之间的遭逢非常相似。公犀牛会角对角地抵住对方，欧文-史密斯将其形容为"一场胶着而无声的对抗"。它们会退回原来的位置并在地面上磨蹭自己的角，随后再次上前，头对头地轻叩对方。最终，它们会离开它们相遇的地方，各自回到自己熟悉的地界。一旦一只公犀牛在其他公犀牛的领地内与之发生冲突，这只犯了错的犀牛就会一路退回它自己的领地，然后双方会继续过它们自己的生活。

◀178

这听起来和霍华德那些极具领域意识的鸣禽的行为非常相似，因此那些研究犀牛的现代博物学家也将这种行为称为"领域性"行为。甚至在公犀牛的社群中也存在一群没有自己领地的成年公犀牛，大约占祖鲁兰保护区里公犀牛总数的三分之一，这一点也与缅因枪手所验证的雄鸟过剩的情况类似。但是相似之处也就到此为止了。母犀牛、未成年犀牛，甚至还有那些接受了某些条件的成年公犀牛，都能任意地在拥有它们的公犀牛的"领地"上穿行。

一只具有领域意识的雄性白犀牛会允许其他雄性进入它的领地，只要它们接受在社会地位上低它一头。只要这些公犀牛能避免性行为，不对母犀牛发情表现出关注，对这一领地的主人独享交配权无动于衷，它们就可以在其领地内平静地生活。这个"领地"既不是犀牛伴侣的家园，也并非它们哺育后代的场所，更不是它们私有的食物供给地。带着幼崽的母兽以及结伴而行的年轻公兽都会在这片土地上漫步，它们一会儿在这个雄性的领地里觅食，一会儿又跑到另一个那里。它们通常都会和领地的主人和平共处，并且鲜少会被骚扰。在现代生态学家观察鸟类的领域性行为时，会认为这一行为带来的好处主要体现在后代能够得到充足的食物上。但是，在对白犀牛的领域性行为进行思考时，我们并不能得出这样的结论。显然，这种警告同类"离我远点儿"的行为所带来的好处是不尽相同的。

要搞清楚白犀牛的领域性究竟能给它们带来怎样的好处，我们可能需要去鸡的啄序那里寻找线索。我们可以看到，犀牛社群的等级秩序是通过空间来确立的，而领地拥有者获得的最好回报就是它能自由地进行交配。处于支配地位的公犀牛会允许所有阶级的犀牛穿过它的领地，只除了两种：其他性活跃的公犀牛，以及接近发情期的母犀牛。它会赶走公犀牛，留下母犀牛。在母犀牛试图离开其领地时，它会温柔地拦住母犀牛并发出长而尖的叫声，毫无疑问是想告诉母犀牛些什么。母犀牛于是会留在它身边，直到准备好和它交配；交配完毕后，母犀牛就能够自由离开。因此，这种动物的领域性是一种解决配对中的社会优先权问题的机制。

处于支配地位的雄性在环境适度方面得到的回报是显而易见的，同样，在两两相对、进行胶着而无声的对抗中选择退却的公犀牛得到的回报也是显而易见的。比起那些会在不属于自己的领地里打架的公犀牛，退让而等待到达其领地的母犀牛专一对待的公犀牛更有可能将它的基因传递给后代。处于从属地位的公犀牛也能获得环境适度方面的回报。它们可能是年轻些的雄性，正等着在老兵衰弱而它们也得到成长之时继承这片"领地"。欧文–史密斯报告称，他曾见过一片领地被另一只公犀牛接管的景象，在此之后，这片领地过去的主人还会继续在这里生活，但是它不再会喷洒体液，也逐渐停止踢粪便或是磨角的行为。处于从属地位的公犀牛也会去其他地方寻找领地。母犀牛会从成功的交配中获益，而交配会和平地进行。母犀牛和犀牛幼崽都能自由地四处游荡并进食，对它们而言最大的好处就是前往食物最为丰富的地方觅食。因此，所有个体都因这一行为模式的存在而更加适应环境，而它们都携带着执行这一行为模式的基因，这也就是为什么自然选择能将这一模式保留下来。

　　正如我们在第十四章中提过的，那些彼此远离的美洲狮同样证实了空间对于整个社群发展的重要性。霍诺克尔记录了每只 ◀180 美洲狮在冬天的活动范围。他在雪地上跟踪它们，带着狗追赶在它们的身后，用麻醉镖射击它们，并区分在每一片区域内巡逻的美洲狮个体。霍诺克尔发现了一些非常有说服力的证据能够证明美洲狮并不会通过仪式性的展示行为或打斗行为来捍卫自己的活动区域。他曾发现一只正值壮年的雄性美洲狮所留下的踪迹，这些踪迹表明它当时正接近一只在它活动区域里吃着死去的猎物的年轻美洲狮。我们可以通过踪迹看出，这只更年长一点的美洲狮在它接近这只死去的猎物之前就转身离开了，这意味着它允许这只年轻美洲狮在这里独享食物。霍诺克尔认为，美洲狮在冬天会躲开自己的同类，尽可能保持独自行动。这样一来，它们就可以确保在它们的捕猎区域内经过的鹿没有被其他美洲狮惊扰。这一行为让所有美洲狮都更加地适应环境，因为掉头离开独自捕猎符合两只美洲狮相遇的场合下任何一方的利益。这一行为与鸣禽为雏鸟提供食物的行为或与白犀牛追求安宁的交配环境的行为截然不同，但是这些美洲狮依然需要一个独属于自己的空间。所以，霍诺克尔将他发现的这一行为模式称为"美洲狮的冬季领域性"。

如今，我们可以找到大量以各类动物的"领域性"为研究课题的文献，鱼、昆虫、鸟类、哺乳动物都是这些文献的研究对象。似乎所有包含"离我远点儿"这种成分的行为模式都会导致二维空间被划分。我们知道，鱼也会和鸣禽一样需要有属于自己的领地才能筑巢，雄鱼就和春天时的知更鸟一样艳丽且易怒。还有的鱼，特别是生活在珊瑚礁等地带的那些鱼，会配备有较为复杂的一系列食物补给站。对于处于支配地位的雄性白犀牛来说，领地实质上就是一个交配点，而这种领地模式在有蹄类动物中太过常见，以至于几乎可以被视作一种普遍规律。我们也知道有很多鸟类甚至是昆虫都会要求它的同类离自己远点儿，而这种行为的好处显然能让它独享这里的食物。

所有这些行为模式都涉及对空间的占有且通常是独自占有，不过有时候这个空间也会被共享，而原本占据这一空间的动物对外来者实行的规则都是离它们远一点。我们称这种空间为"领地"，因为这是我们能在以人类为中心的语言中找到的最合适的词汇了，但是这并不意味着领域行为真的会导致地产上的占有。我们最好把这种占有设想成行为的结果，而非原因。认识到这点事实不仅能让我们能更好地发现动物某些耐人寻味的行为到底能带给它们怎样的选择优势，更能警示我们不要错误地将动物的"领地"与人类的侵略倾向相提并论。动物的领地和人类的产权之间甚至没有什么可比拟的地方，更不用说这背后有什么相似的"动机"了。如果有人更极端地将国家的疆域和动物的分隔相类比的话，那么他们只不过是掉进了一个无聊的语义陷阱罢了。　◀182

第十六章

为什么地球上有这么多物种？

　　地球上现存物种的数量显然要远多于地球表面拼接在一起的醒目斑块的数量。因此，对生命所呈现的这种惊人的多样性进行解释成为我们理解自然生态系统运作方式的关键。为什么会有这么多种动物和植物？为什么就只有这么多种呢？对拥挤效应、狩猎行为以及演替过程中群落更迭的研究已经向我们展示了应当去哪里寻找答案。

　　排斥原理最好地体现了生态学家对于物种的看法。这一原理告诉我们，对于每一个在自己的生态位上好好活着的个体，它们与其他物种进行竞争的需要都是被控制在一定范围内的。它还告诉我们，生活在拥挤草场上的所有种类的草和昆虫都必须以不会严重影响其邻居的方式从事各种生命活动。这一点可能并不容易为我们的直觉所接受。按理来说，草场上的草显然是在为了生存

权而彼此争斗。它们密密地挤一起，争先恐后地向着光线的方向
生长。但是，在生态学家看来，这种争斗已经在很大程度上趋于
缓和，和平共处才是这片草场上的主旋律。因此，生态学家有必
要解释一下，像这样一片简单开阔的地带是如何能分割出那么多
彼此不冲突的生态位的。此外，我们还必须说明，这里的每一个
生态位最初都是如何通过自然选择的过程被构建起来的，以及它 ◀183
们又是如何被拼合在一起从而使这拥挤空间内的所有生物保持和
平共处的。

对于第二个问题，即物种是如何成为它现在的样子以及生态
位是如何建立的，"地理隔离"或者至少是沿梯度呈现的地理分隔
就是我们所给出答案的核心。达尔文在最初对进化论进行阐述时
就倚仗于"地理隔离"的概念。他指出，生活在相距较远的地方
的动物们所处的当地环境是不尽相同的，因此它们的"性状"会
发生趋异的现象。《物种起源》中有一整节都在讨论"性状趋异"。
这个观点非常简单：不一样的自然环境需要不一样的适应性。但
是，生态学家对物种的看法让我们能比达尔文早前的阐述更进一
步地展开论证。

按常理，我们会认为两群生活在不同地区的同种动物会出现
一些不太明显的差异。不同地区的食物和气候条件不尽相同，因
此略微不同的性状差异会使两地的动物各具当地的优势，而具有
当地性状基因的动物能够哺育更多的后代。然而，这两群动物仍
然属于同一种动物。它们可以毫不费劲地杂交，将它们的基因再
次融合在一起。博物学家所谈及的同一物种的地方"品种"或地

方"型"都能够随意杂交，而家畜的繁育大多也基于不同地方品种的个体的杂交。在达尔文思考不同的物种是如何产生的时候，他不得不推测，如果相距甚远的地方品种之间已经发展出较大的差异的话，那当它们再相遇时，它们可能无法成功繁育出后代。不过，我们可以证明在这场宿命的相逢中究竟发生了什么，正是

184▶ 高泽的竞争排斥原理为我们提供了线索。

如果两个逐渐分化的种群开始以明显不同的方式获取食物，它们就会趋向于生活在不同的生态位上。只要这两个种群能保持分离，这种情况就是被容许发生的；可如果历史中的某个意外让它们迁徙至一处，那么就会有所需生态位多少有些不同的两种生物尝试在同一环境条件下一起生活，也就是说在同一生态位下一起生活。但这是不可能的。排斥原理告诉我们，这种共存是不可能发生的。摆脱这种困境的一种方法就是通过抑制那些反常的个体而迫使物种保持一致。如此一来，只有最初的物种能够在此地生存下来。这种情况势必常常发生。然而，还有另一种方法能够解决这个问题，而且在实际情况中并不少见，那就是让这两个品种继续保持生态意义上的"分离"，这样它们之间就不会出现特别激烈的竞争了。这种方法可以通过筛选一个种群中和另一种群最为迥异的个体来实现。

当两个种群出现明显的分化时，每个种群中可能已经有少数个体发展出了尤为明显的新特征或是习性，所以它们才能够在不需要竞争的前提下共同生活。这些少数个体随后会受到自然选择的青睐，而那些介于分化与未分化之间的个体则几乎会继续向既

定的方向发展。那些极端的变种将免于竞争并成功生存下去。处于中间位置的动物将不得不把它们的精力花在竞争上,以至于只能留下很少的后代,最后被自然选择淘汰。最终的结果就是两种截然不同、彼此不竞争又能够共处的物种从现有的最为极端的变种中诞生。我们可以说,"性状替换"是对达尔文"性状趋异"的补充,特别是当已然分化的动物类型相遇的时候。自然选择将迫使它们的性状保持不同,这样一来竞争就可以被避免。

◀185

我们已经在大自然中发现了许多模式,而这些模式都在暗示我们"性状替换"的观点是正确的。生活在亚洲的普通䴓就是最好的例证。普通䴓是一种有趣的小鸟,它们会在树干上上蹿下跳,寻找藏在树皮间隙里的昆虫为食。它们长着短而粗的尾巴和过大的脚,在啄食时,它们经常会大头朝下。这一切都让普通䴓成为一种滑稽且迷人的小鸟,也是喂食台上备受欢迎的访客。它们大多长有一道自后脑延伸至鸟喙的暗色贯眼纹,这道贯眼纹可以算是这一物种的标志性特征。这些小鸟正是通过这道条纹为自己识别合适的伴侣的。

有一种普通䴓在中亚地区较为常见,在希腊和小亚细亚半岛较为常见的则是另一种。这两种小鸟在很久之前就被博物馆分类学家鉴定为优良种,但是它们也为我们带来了一些辨别"难题"。这些难题主要是关于贯眼纹的,因为希腊很多普通䴓个体的贯眼纹的颜色和性状与很多中亚个体的几乎一模一样。

然而,中亚种群的活动区域与希腊种群的活动区域会在伊朗某地重叠。在这个重叠地带里,我们能毫无困难地分辨出这两种小鸟。特别是其中一个种的贯眼纹已经变得残缺不全，而另一种的贯眼纹则又黑又宽。我们可以说，是自然选择让重叠地带里差异最为明显的个体们去繁育后代。贯眼纹的形状必定是某些其他变化的表征，几乎可以肯定的是它们在觅食习性上发生了改变，而且只有不互相竞争的品系才能一起生活。这两种共同生活在伊朗的普通䴓就是通过"性状替换"来保持分隔的。

遍布广袤亚洲陆地的普通䴓只是一个普遍且永无休止的过程的微不足道的例子。在陆地的每一小块土地上都会有性状趋异的情况发生，毕竟当地的品种必须适应当地的环境。如果所有当地种群都被放任不管，我们可以预计，当我们在整片陆地上考察时，会发现不同的类型持续融合的状况。然而，一个地方的种群是不会被放任不管的。持续的气候波动为种群的命运带来了无止境的潮起潮落，生物的生命活动本身也会随着种群的随机分散而使它们开始迁徙至不同的地方。当各自进化的变种再次相聚时，性状替换会保留那些更为极端的形态，而竞争排斥原理则会清除那些中庸的个体。因此，种群的每一次分离和重组都可能以两个物种在曾经只有一种如今与它们都不同的物种生活过的地方共同生活而告终。

由此，我们发现了一种能持续塑造新物种的机制，而它也让我们明白了，为什么会有这么多截然不同的生态位存在。它回答了我们早先提出的第二个问题。可是，知道了物种是怎么出现的并不能解释为什么这么多的物种能够一同生活。我们认为，草场上所有青草能够肩并肩生活是因为由性状替换形成的物种会找到某种方法，好让它们能在同一片土地上好好生存下去并尽可能避免竞争，但是这并没有告诉我们这些不同的方法可以是什么样的。土地是平坦的。青草会紧挨着生长。它们利用同种水源以及共同的营养物质储备来维持生命，它们会挨过同样的季节，并经历几乎一样的意外事件。既然它们以如此相似的方式生活，它们又是怎样避免竞争的呢？◀187

　　这个关于草场上草的问题，仅仅是一类普遍问题中的一个例子。我们能在很多地方观察到类似的情况：在热带雨林中，一英亩的土地上可能生活着上百种不同的树木；在湖泊和海洋里，许多种微小的浮游生物会共同生活，而我们把浮游生物的这种共存称为"浮游生物悖论"。所有生活着诸多不同种类的动物的地方都会让我们产生这样的疑问。我们可以理解，只要不相互竞争，这些物种确实能够一起生活。现在，我们必须说明的是为什么会存在这么多避免竞争的方法。

　　为了回答这个问题，我们可以先假设：对于任何陆地植物群落来说，其所处的土壤都会存在一定的不均匀性。任何农夫或是园丁都能轻易断言，土壤不均匀的情况是确实存在的，而我们能做的似乎就只有假设是这些复杂的微镶嵌体使得地球上的物种如此复杂多样。可能存在一种喜欢硅含量高的土壤的青草，也可能存在一种喜欢钼含量低的土壤的青草，诸如此类。我们有整个元素周期表可以用来举例，更不用说土壤干湿程度、地面是平是斜以及某些性质和效用未知的"生物因素"，它们都产生了特定的影响。毫无疑问，在实际情况中这种对土壤的瓜分确实发生过，毕竟我们很清楚不同的植物在物理以及化学方面的需求是不同的。植物多样性的某些方面的确可以用这种假设进行解释。但是低地雨林里真的会有一百种树木吗？一小块亚马孙流域的泥土中真的能有上百种化学混合物吗？还有草场上的所有那些青草，它们下方的土地里真的能形成如此精妙的供给模式吗？这个假说显然是缺乏说服力的。

188 ▶

在过去，化学镶嵌假说似乎完全无法被用来解释浮游生物悖论。自伊夫林·哈钦森在十五年前第一次提出这一悖论，似乎"显而易见"的是在湖泊、海洋等化学溶液里，这些微小的植物会被充分搅和在一起，因而它们只有同一套化学物质可以选用。然而，理查德·彼得森（Richard Petersen）最近发表的一篇文章表明，化学物质的多样性同样可以反映于物种的多样性。不同的植物物种在理论上可能会受不同营养物质的限制，因此当它们最需要且最能高效吸收的化学物质被用尽时，这些物种的竞争力就会开始减弱。既然物种的竞争力由不同营养物质所决定，那么每一个物种所承受的限制都是不一样的，所以在所承受的限制达到极限之前，各个种群能够共处。这个观点比较复杂，而且仅在理论探讨的层面，只有计算机模拟的结果为它提供支撑，但它还是向我们证明了，化学物质多样性能够为自然选择所识别，进而在一定程度上正面影响物种的多样性。

可除了每个物种都受到化学物质的限制，我们其实还有其他途径来解决浮游生物悖论。这些解释所依据的事实是湖泊或海洋里的环境会随时间不断变化，因此一个物种可能会在一段时间内大量繁殖，而之后则是另一个物种大量繁殖。这些物种间可能会发生竞争，但竞争状态不会久到让某一个物种被淘汰的程度。因为体型微小，这些浮游的植物都比较短命；因为比较短命，它们会在一年中轮流占据着水面区域。无论是在湖泊中，还是在海洋里，有些植物就是会在春天大量繁殖，而有些植物就是会在夏季来临、水体表面变得温暖进而出现分层的时候称王称霸，还有些植物则非常享受分层的水体被秋风重新混合在一起之后的环境。每一种植物又都有自己的休眠期，那时它们会以孢子的形式沉入湖泊底泥中，或者随着潜流在海洋中漂荡。这些植物会通过时间上的划分来保持彼此生活的距离，而并非通过空间，但是这同样能达到避免竞争的目的。

◀189

　　既然我们已经注意到浮游植物是如何通过轮流利用水体来保持距离的，那不妨回想一下，陆地植物采用的是不是相似的方法。在植物演替的过程中，我们就能看到这样的情况，作为先锋的机会种会逐渐被更多的均衡种所取代。在植物演替过程中的任意时刻（这个"时刻"可能会长达一两年）里，我们似乎都能看到不同的植物共同生长的景象。可我们知道，它们中的多数无法牢牢占据其生存空间，因为总会有一些植物被排挤出去，而它们的继任者会趁虚而入。所以，开阔地能长出多种植物的部分原因可能就在于，我们看到的只是一个持续的取代过程中的一帧。毋庸置疑，植物物种的多样性在一定程度上是因为机会植物和均衡植物大行其道的时间段不同：它们会依次来到这片土地上，而它们到来之时，正是它们这一类植物所需面对的竞争最少之时。

这些论据让我们倾向于认为自己的解疑思路是正确的。客观世界具有多样化的空间和时间，我们可以想象在性状替换的过程中，自然选择所保留的物种都是那些适应于客观物质多样性的不同排列组合的物种。这个过程将产生许多种类的植物以及更多种类的动物，比如以植物的新芽为食的动物、在根部钻孔取食的动物等等。我们可能会接受多样性在很大程度上是这些机制的自然产物的结论。但是，我们眼前所见的这种多样性又要怎么解释呢？也许有八千多种鸟类、十万种维管植物以及一百万到三百万种昆虫吧？我们很难相信，地球上任何物质的排列组合能够提供数百万种不同生物的生存空间。

还有一股更加强大的力量能让物种之间互相保持距离，它能够让物种生活在共同的栖息地，而不会有毁灭性的竞争发生。这股力量就是狩猎动物的活动，既包括以其他动物为猎食对象的捕猎者的活动，也包含以植物为猎食对象的捕猎者（也就是我们所说的食草动物）的活动。

家畜（比如奶牛和绵羊）都是实打实的植物猎手。所有农夫都知道，它们并不是什么不加选择的割草机器，而是一些具有非常明确的口味的动物。它们不是什么绿色植物都愿意去吃的，它们只吃自己喜欢吃的东西。威尔士山腰上那些著名的牧羊场为我们提供了一系列可靠的数据，这些数据向我们展示了食草动物这种对食物的偏好可能带来哪些生态上的影响。

约翰·L. 哈珀（J. L. Harper）利用威尔士各大学的农业专家多年来收集到的数据记录重现了羊群在不同草场啃食时所发生的

情况。如果某个草场上长满了绵羊喜欢吃的那种草，而随后它又被绵羊过度啃食了的话，那就会发生两种情况。首先，这个草场会被彻底毁掉。随后，被毁掉的草场上将新长出比原本那个长满优良牧草的草场种类更丰富的植物。随着过多绵羊来这里大快朵颐并杀光所有它们喜欢吃的植物，那些对羊来说不怎么美味的植物获得了生长空间，于是这些植物就趁机扎进这片被毁掉的草场。这样的植物种类可能有很多。这些植物加入了幸存的那些可口植物，才使得这片土地上的植物多样性显著提升。

但是，当一个长期以来只被少量绵羊专享的古老野外草场面临过度放牧的问题时，随后发生的两种情况可能会与上文所说的大相径庭。第一步和之前一样，这片草场会先被毁掉。可随后发生的则截然不同，因为随后在这个被毁草场上长出来的植物种类要少于原来的草场。此时，这群绵羊所做的是从它们面前的所有 ◄191 植物中挑出它们喜欢的但种类相对少的植物吃干抹净，如此一来它们就杀光了所有的可口植物。最终，绵羊只留下较少几种它们不感兴趣的植物。

显然，在野外山腰上觅食的绵羊会持续降低它们喜欢吃的植物的种群数量，这样一来它们就为其他植物创造了生长的空间。然而，绵羊所爱之外的其他植物可能会为奶牛或是驯鹿所钟爱，如果这些动物出现的话，它们也会持续降低这些植物的种群数量。这就会为原本不属于此地的植物开辟出生存空间，从而又为其他同样挑剔但是口味不同的食草动物提供食物。不难想象，在经历了漫长的进化之后，这些动物会进化成类似于非洲兽群的样子。

那里有两百多种啃食绿植的有蹄动物，草原和平原上都长着丰富的植物物种。罗伯特·惠特克告诉我们，以色列的草场也呈现了相似的多样性，那里也已经被山羊、骆驼、绵羊、牛甚至驴过度啃食。如今，这些草场每十公顷的土地上就生长有上百种维管植物。

然而，大多数食草动物其实是昆虫而非大型哺乳动物。昆虫的数量更多，攻击性也更强。毛虫能剥光一棵树上所有的叶子，甲虫能在我们收获的每一颗橡子或每一只苹果上钻洞以便在里面产卵。我在"演替问题"一章里也曾讨论过，以种子为食的昆虫是如何决定森林的顶级群系的。无论这里是像北方地区那样只有少数几个优势树种，还是像热带低地那样有一大堆各式各样的物种，所有植物都会因这些攻击而持续地大量死亡。如果它们遭到了这样的屠戮，那么新的植物物种可能就会趁此机会进化出来。所以，我们现在能对草场上种类如此丰富的植物做出解释了：长不同种类的草是为了躲开不同种类的猎食者。

192▶

我们有非常可靠的间接证据能够证明，所有植物一生都生活在食草动物的持续攻击之下，而在某些时节里或个体生命中的某些阶段中，这些攻击可能是致命的。这些证据中最有说服力的是植物的化学防御。植物含有多种化学物质，有的化学物质会让它们闻起来或尝起来很奇怪，或者对很多动物具有毒性。如果这些化学物质能够确保植物避开潜在的迫害者，那么它们的存在就是有意义的。因为只有这样，自然选择才会保留一种植物制造化学物质的特性。或许我们可以说，含有难闻化学物质的植物的生态位在一定程度上可以以"让它不被甲、乙或丙食草动物吃掉（因为它们不喜欢这种植物）"为特征。因此，这种植物能够避免与含有不同化学物质并赶走另一群食草动物的植物竞争。

有些植物具有能够用于自卫的生物武器，比如棘或刺。从物种整体而非单一个体的角度来看，它们也可以通过将种子传播到很远的地方去来保卫自己。种子播撒范围广的一个显而易见的好处在于，幼苗也许能在一个偏僻的地方长高长大，而不会被那些有条不紊地搜寻并摧毁它们的植食觅食者（比如能够在草场一路啃食的绵羊）所注意到。

自然选择提供给某种植物的每一种专化的防御机制都为专化的攻击提供了机会。如果一种植物对它周围的所有动物都具有毒性，那么终有一天，当地的食草动物中会出现一种对该毒素免疫的品系，而该品系将会得到自然选择的青睐。通过已知许多昆虫的习性，我们能非常直观地观察到这一过程的结果。例如，蝴蝶和蛾的幼虫一般只吃一两种植物。当（以消耗相当多的卡路里为代价）长出棘或刺的植物遇上四处啃食的食草动物时，我们也会 ◄193
看到相似的情况发生：非洲的金合欢灌木就和长颈鹿棋逢对手，而长颈鹿能够在棘刺之间小心地撕下树叶。

每一种防御手段都促使一种新的攻击手段进化出现，而这种新的攻击手段又为新的防御手段的出现创造机会。每一种进化出来专门以某种植物食物为猎物的新动物物种都会为一种以它们为食的新的食肉动物物种的出现创造机会。食物链就是以这种方式一环接着一环构筑起来的，直到在热力学第二定律的限制下可利用的能量已经变得很少，不再允许食物链进一步拓展为止（参见第三章）。但是在食物链的底部，也就是食草动物捕食植物的环节处，这个过程是没有尽头的，而多样性就在这个永无止境的过程中被一步步强化。这就是我们对"为什么地球上有这么多物种？"这一问题的解释的核心。生态学家如今将这一过程称为"间作原则"。

可我们还是有一个问题没解决。为什么动植物种类没有变得更多呢？为什么我们只有区区三百万种昆虫，而植物种类更是只有可怜的一千万种？我们已经发现了一个创造新物种的无止境的过程，而它已经运作上亿年了。我们现在拥有的这些物种是不是就是这段时间里被创造出来的全部呢？这些数字只是巧合吗？还是说地球现在已经满满当当而容不下更多物种了呢？如果是这样，"满满当当"又是什么概念呢？生态学家仍然喜欢讨论这些问题，但是我们似乎已经对这些问题有了大致的答案。这个答案来自对以下两个现象的思考：一，物种会灭绝，但与此同时会有其他物种被创造出来；二，地球不同地区生活着不同数量的动植物。

194 ▶　　北半球林木线以北的土地上生长着丰沛的草木，其地表几乎完全被植物所覆盖，然而密密铺在苔原表面的植被实际上只由相对较少种类的植物构成。林木线以南的北方针叶林里则生活有更多种类的植物，温带阔叶林和大草原上更是如此，而生活在热带地区的植物的种类甚至远多于温带。同样的情况也发生在了动物身上：在极北地区，只有少数几种动物在那里生活，而随着纬度逐渐下降，动物的种类会持续增多。事实上，从两极到赤道，存在一个总的丰富度渐变群。在热带地区，我们能看到更多的蛇、更多的昆虫、更多的哺乳动物、更多的蕨类植物、更多的草本植物以及更多的一切。要搞清楚为什么地球会拥有如今日这般多的物种，我们必须先解释物种为什么存在这种从北到南的多样性梯度。

答案显然与严酷的气候有关。北极地区非常寒冷，那里的水会结冰，甚至黑夜可以持续六个月之久。这些已经足以解释那里为什么不存在无法忍受这些恶劣条件的生物，例如需要保持湿润的青蛙，一旦受冻就会爆开的多肉植物，不能平衡它们热量收支的树木（参见第五章）。但是严酷的气候还不足以解释这里为什么缺乏昆虫和类草的草本植物。有一些种类的昆虫和草本植物能够在北极苔原上生存，它们甚至能够在那里大量繁殖并建立庞大的种群。既然它们是可以做到的，那么为什么没有更多种类的这些生物能来一同分享广阔的北极空间呢？就像它们分享气候更加适宜的南方地区的平原草地那样？

我们能给出的最佳答案是生活在北方地区的生物更容易遭遇意外。从赤道向北，气候条件不仅仅会系统性地变得更加恶劣，而且还会变得更难以预测。不合季节的洪涝、霜冻或是干旱都更容易发生在高纬度地区。这意味着，越靠近极点，灾难性意外 ◂195 发生的概率就越高。同时，这提升了物种灭绝的概率。

此外，所有生活在四季极为分明的地区的动植物都有它们自己的生存策略。这些策略映照出的是一个既有繁荣又有萧条的世界，也正是它们所生活的世界。它们会在冬天休眠，在春天苏醒，在只有短短几周长的多变夏季里拼命成长，在下一个冬天突如其来的到来之前尝试着再次进入休眠的状态。这种生存策略在本质上属于机会主义的策略，机会主义的生存策略造就了季节分明地区生物数量的反复波动。客观环境的繁荣和萧条对应着种群的兴衰。同样，反季节规律的不幸随机事件势必会影响到这样的种群。如果一个种群在数量处于低谷的时候恰逢一场大灾难，那么它就有可能走向灭绝。

对于物种数量从赤道向北逐渐减少的现象，我们能给出的最佳解释是它反映了物种灭绝概率的梯度变化。如果在各个地区，新物种都以同样的速率诞生的话，那么越到北方，旧物种灭绝的速度就越快，而多样性梯度就是这样形成的。

最近，海洋学家霍华德·桑德斯（Howard Sanders）的一项研究为这一解释提供了极为有力的支持。桑德斯揭示了地球表面另一种多样性梯度，这是之前从未有人设想过的。从大陆的海岸线向海洋迈进，跨越大陆架，最终降至深海平原的表面，这一路上我们也能看到生物多样性的梯度变化。它就是底泥中动物的多样性梯度。乍看上去，这种梯度似乎有些不合常理，因为生活在一片漆黑且永远冰冷的深海海床上的动物种类要多于生活在海岸附近温暖明亮的海底的动物种类。

桑德斯证明，只有少数几种海底动物会在明亮、高产以及我们眼中"适宜"生存的沿海水域中生活；而在相对昏暗且远离表层水体的生命活动和食物供给的大陆架上，生活在此的物种种类明显更多一些；生活在可获得食物非常匮乏的深海海床上的动物，其种类是最多的。如果生活在某个地方的物种数量由能导致某些物种灭绝的意外事件的概率决定，那就讲得通了。寒冷、黑暗的海床不会受到天气的影响。这里的温度永远不会发生变化，这里也永远都是那么黑暗，从上方落下来的残骸也掀不起什么惊涛骇浪。百万年来，这里都没有发生什么剧烈的变化。因此，桑德斯认为，生物在这里走向灭绝的概率很低，而物种形成的不断继续使得多样性倾向于进一步提升。但是，所谓"适宜"的近海水域底部时常会受到气候的影响。这里的物种就和北极物种一样，它们都采用机会主义的生存策略以应对繁荣和萧条的时段。它们的种群数量会起伏不定。它们可能会遭遇一些不寻常的意外。尽管这些区域在人类看来非常"适宜"，这里的生命却随时都可能遇到各种意外。

因此，对于为什么世界上没有存在更多物种的问题，我们的答案一般就是，这里曾经有，但是它们都灭绝了。这也让我们能够对"为什么世界上有如此多种动植物"的重大问题做出概括性的解释了。

地理隔离会导致性状趋异，这一过程将永远持续下去。随着分异的种群重新融合，自然选择会保留那些最为独特的个体，而这些个体能够共同生活而不会彼此竞争。这是进化过程中的关键步骤，我们称为"性状替换"。自然选择所选择的个体，很多都是那些具有新的捕猎方式或者新的躲避捕猎者的方式的个体。这就是我们所谓的"间作原理"的含义。新的物种一直通过这种方式不断地在全球各地诞生，但是它们同样会被环境中那些可能导致

◀197

它们灭绝的随机事故所淘汰，从而导致一些物种的消失。在某些地方，灭绝发生的概率要高于其他地方，因此某些地方会生活着比其他地区更少的物种。然而，整个地球上动物和植物种类的平均数量
198 ▶ 是由新物种诞生的速率和旧物种灭绝的速率之间的平衡决定的。

第十七章

自然界的稳定性

总有人说，比起那些只有较少物种的地方，有很多不同种类动植物共同生活的地方能更好地维持自身平衡。也就是说，复杂性会带来稳定性。近些年来，生态学家不断就这一观点大声疾呼，而这句话也被那些担忧人类对地球造成的影响的人所引述。但是，生态学家如今想收回他们的话了。因此，他们不得不说更多的话来推翻他们想收回的话。

我们可以通过一个极端的例子来最好地理解有关稳定性的观点。如果某个小岛上仅仅存在两种动物，假设是狐狸和它们的兔子猎物，那么它们的未来似乎都是高度不确定的。如果大量兔子因为某些意外而死亡，狐狸也会因此受累，它们中的大多数不得不忍饥挨饿。少数能从这场灾难中幸存的兔子同样处于极度危险的境地，因为它们很可能会被此时数量相对较多且走投无路的狐狸捕杀干净。反之，如果这场自然灾害的受害者是狐狸，那么兔子的数量将会彻底失控，直到有更多的狐狸被繁殖出来，把兔子捕杀干净，可到那时狐狸的数量又会过于庞大。如此循环，这个狐狸-兔子的系统会极度不稳定。

但是，如果这个小岛上不只有兔子和狐狸，而是有多达十种啮齿动物（比如多种大鼠、小鼠和田鼠）在这个小岛上与狐狸以及猫科动物和鼬之类的其他两三种食肉动物共同生活，那么在这座熙熙攘攘的小岛上，针对任何一个物种的灭顶之灾都不会对整体产生太大影响。即使这座小岛上的兔子因灾难而数量发生锐减，它们的捕食者依然能够安全无虞，因为它们可以依靠其他九种啮齿动物存活。兔子也许能够从这场灾难中幸存下来，因为捕食者可能不会把自己的时间和精力浪费在专门捕猎稀有的兔子上，因此剩下的少量兔子能够不受打扰地专心于繁殖大计，继而弥补数量上的损失。同样，如果遭遇天灾的是狐狸，那么啮齿动物的数量也不会肆意增长，因为猫科动物和鼬还在继续捕杀它们。它们甚至可能开始吃那些死光的狐狸才会去吃的啮齿动物。由此，生活在这座我们假设出来的热闹小岛上的生命能够保持稳定，同时免于灭绝的厄运。

这就是复杂性-稳定性理论的基本内容，这个直截了当的观点唯一的不寻常或说难解之处就在于，为什么复杂的就是稳定的。这个理论对博物学家具有强大的吸引力，因为它符合我们下意识认为它是对的观念：复杂的东西自然会运行得很好。在我们观察庞大的植物群系并将它们视为一个个领地彼此相邻的实体时，我

199 ▶

们就会产生这种感受。就算我们将植物群系视作一群通过相互作用来维持共同秩序的物种所构成的一个真正的社群，继而对其进行探索，我们也很难不产生同样的想法。作为顶级群落构建过程中从属阶段的演替群落也同样印证了这一观点。在所有关于自然界中平衡的想法中，捕猎者确立这种平衡的观点尤为强烈，因为捕食者被认为能够控制所有生物的数量，比如：蜘蛛是"好"的，因为它们会杀死"苍蝇"；而狼是"坏"的，因为它们会杀死"人打猎的目标"。

◀200

然而，直到有人声称该理论具有坚实的数学基础并且是非常广博的数学基础，这一理论才在现代生态学中变得重要起来。这种广博有可能只是一个困住我们的陷阱，毕竟数学运算所得出的结果和生态学家认为它所表达的结果从来都不太一样。这些数学运算是由贝尔系统实验室里的电话工程师完成的。不消多说，他们自然会对信息流动所需的复杂信道网络非常感兴趣，而他们所设计的运算方法被称为"信息论"。"信息论"提供了一种测量网络中信道多样性的方法，该方法以其发明者的名字命名，叫作"香农-威纳信息指数"。该数学方法还表述了这一指数和信息通道的容量之间的关系。如果普通读者觉得这和生物学显然没有太大关系的话，正说明这名读者具备不错的判断力。

为了从贝尔系统跨越至生态系统，我们首先用香农-威纳指数描述生物群落中物种的多样性，随后就开始沉迷在这种危险的类比当中——我们正在凭直觉对两个不相干的系统进行比较。这一过程的第一阶段，即香农-威纳指数的运用，看似合理，也能有效地帮我们克服在描述生物系统时所面临的实际困难。该指数能够帮助我们解决一个由来已久的关于常见物种和稀有物种的问题，尤其是如何准确描述常见性和稀有性。列出一个群落里的所有物种，并以植物社会学家的方法比较两个群落的物种名录是很容易的。但是，如果这两个群落由同样的物种组成，但物种的构成比例不同，我们又要怎么办呢？显然，这两个群落以及供养它们的生态系统是不同的。我们可以说，两个群落的"物种丰富度"相同但是"物种多样性"不同。此时，那些熟练掌握英语的人应当会注意到，我们给"多样性"赋予了特殊的含义。

201 ▶

　　我们利用香农-威纳方程来计算不同生物集合的物种多样性，是因为它允许我们将物种丰富度和物种常见度的估计值合并为一个单一的表述。有大量生态学文献论述了在何时以及如何使用香农-威纳方程，而生态学界确实从这一实践中受益颇多。但自此开始，我们就走上了错误的道路，因为对物种多样性的度量必须也是对复杂性的度量。原本的信息论既给出了测量可替代通道数量（多样性）的方法，也给出了测量信息通道容量的方法（稳定性）。如果这种测量方法能同时对复杂性和稳定性进行表述（在对信息通道系统进行测量时它确实做到了），那我们就会想当然地认为，香农-威纳指数在应用于生物系统时也能同时对复杂性和稳定性进行测量。所以，这就是我们掉入的陷阱。我们利用了来自另一个学科的测量方法来描述本学科生态系统的多样性，并发现它大体上是行得通的。随后，我们注意到，这一测量方法也能描述另一个学科中某些现象的稳定性，于是我们就想宣布说：这种测量方法确实能描述我们学科中某些现象的稳定性。可这些现象是不一样的。从贝尔系统跨越到生态系统，我们最多只能通过类推的方法得出结论。

在二十世纪五十年代末，生态学家突然意识到，电信行业的研究人员已经提出的一套理论似乎将物理系统里的复杂性和稳定性联系在了一起。生态学家于是开始思考"系统"问题，并积极教诲自己的学生要把"生态系统"当作研究的一个单元。于是我们现在有许多系统理论家，他们会凭借精妙的数学运算来证明复杂的系统（或生态系统？）应当是稳定的。生态学家一直以来都在为此努力。那些极为多样化的种群、那些曾被植物学家称为"群系"或"群丛"的种群以及坦斯利认为应被看作"生态系统"的一部分的种群之所以能够持续地存在，正是它们的多样性赋予了它们稳定性。 ◀202

自然历史方面的文献记录了诸多支持这一观点的趣闻轶事。一方面，赤道盆地中的雨林里生活有丰富的物种，其种类要多于世界上任何地方。这些生物群落具有极高的复杂性，我们会把它们设想成永恒不变的生态系统，它们一直以同样的方式挺过了一个又一个地质时代。另一方面，对于物种较为稀少的北极苔原，毛皮商人的账本已经告诉我们那里的动物数量会发生剧烈的波动，而旅鼠间歇性地奔向海洋的故事也是从这里传出的。就如理论所预测的那样，复杂的地区是稳定的，简单的地区是不稳定的。

使信息论大获成功的一个更加重要的因素在于，它可以用来描述农夫所面临的一个难题。西方农业是通过清空复杂的野生植物并用单一作物取而代之来运行的。在这些曾经长着落叶林或者草原的地方，我们用单一作物取代了原本那张复杂的物种名录。如今，这里只剩下一种极为常见的植物以及少量依附着它们而生的野草。单种栽培就是在原本存在复杂系统的地方改造出极致的简单。信息论认定农夫所构建的新的生态系统应当是相当不稳定的，所以看啊，我们的农田里总是有那么多除不尽的杂草和昆虫。因此，这一理论应当可以被应用于生态学才对。

然而，如果我们能仔细探究这些情况的话，就难免会产生担忧。北极动物种群的不稳定显然与高度不稳定的气候有关。的确，我们会利用北极变幻莫测的气候来解释为什么这片区域的动物数量会锐减。我们会说北极地区的物种会非常迅速地灭绝，以至于这里的物种数量永远不可能很多（参见第十六章）。在我们解释为什么赤道丛林里生活着那么多物种时，我们又会说这是因为热带地区的气候比较稳定，因此很少发生物种灭绝的情况，于是越来越多的物种在这里累积起来。这就引入了一个有关先后顺序的问题：是庞大的物种数量促使物种过上更稳定的生活，还是稳定地生活在某个气候相当稳定的地方会促进当地生物种类的增加，使其处物种更加丰富？

除了这些疑问，我们还意识到一个问题：我们并不能一口咬定赤道丛林里的生物过着绝对稳定的生活。我们没有大量数据可以佐证这点，因为现代生物学家鲜少生活在那里。西方文明及其孕育的生物学家都是环北半球一周的一条狭窄纬度带的产物，它处于赤道向北极推进的地带。对于极北地区究竟在发生些什么，我们并没有过多的兴趣，因为我们只想狩猎北极动物并获得它们的皮毛。驻守在极北岗哨上的人们已经报告了他们的所见所闻，而当他们看到什么不寻常的现象时，他们往往会更加热切地对其进行描述。但是，对于热带雨林，我们所获得的了解则少之又少。我们对小型热带动物也没有那么高的商业兴趣。如果扎伊尔河沿岸或婆罗洲发生过鼠疫或者猴疫的话，那甚至不会有任何常驻学者会留在那里好为《泰晤士报》撰写这方面的稿件。

现在，情况正在开始发生变化。最近，一位曾在北极长期工作、如今定居于巴拿马的科学家向一家科学期刊投稿称，他在巴拿马的四年中见到的鼠疫灾害和他在北极生活的那么多年里所见到的鼠疫次数一样多。最近，我会在厄瓜多尔的热带雨林上方低空飞行，我看到了一些零星分布着的掉光了树叶的树木，这也许是因为以它们为食的毛虫的数量发生了改变。很多年前，在尼日利亚，我曾在地面上见过同样的事情发生。当热带雨林中的一种树木突然变得很容易被发现，通常是因为它们已经没有树叶了。毛虫的一次泛滥成灾就能把它们的树叶彻底啃食干净。

◀204

这些故事只不过是轶事，北方地区物种数量波动的理由也是如此。它们都不是衡量稳定性的标尺，它们都只是个别物种的种群数量出现波动的原因。关键在于，我们必须意识到我们也许总会把发生在贫瘠北方的种群事件的描述和发生在有大量物种生活的赤道地区的类似事件的描述匹配起来。我们不能依靠在不同纬度上进行的比较来为复杂性-稳定性理论提供支持，更不用说以此解决不同气候是不是造成物种波动起因的难题。

如果我们仔细审视的话，这些以农业为基础的论点只会更站不住脚。在本质上，复杂性–稳定性理论的观点认为，像农民所建立的那些非常简单的系统是根本无法运行的。我们可以将一片单作农田与最初那座只有兔子和狐狸居住的小岛模型类比，作物扮演了兔子的角色，而农夫或者害虫则扮演着狐狸的角色。这个系统按理是极度不稳定的，也意味着农业在此观点下是完全行不通的。但这样的农业不仅行得通，还运转得非常好。作物和农夫都在兴旺发展，正如农业系统在一万年的发展中变得越来越精简一样。这是稳定性的胜利。

农民在进行单一作物栽培时会面临鸡蛋是不是要放在一个篮子里的难题。严格来说，这和复杂性–稳定性的观点并不完全相关。当单种栽培的作物遭遇某些意外时，当地经济有可能会蒙受灾难性的打击，可这是不分散经济风险导致的结果，和作物物种本身的命运无关。也许我们可以说，农作物的命运与简单群落的系统特性无关。如果北方的群落没有比热带的更不稳定，而天气的不稳定也不再被视作该种不稳定的原因，那么我们也就不再有任何较为普遍的生物学观察结果能够用来支持这一理论了。既然如此，它就只是重复了老一辈博物学家所坚信的那套关于自然组织的观点，即植物社群或者生态演替之中势必存在某种自组织的力量。

信息论本身当然是有根据的。对于通过一系列为信息或能量流提供可替换通道的相互交叉的通路来发挥功能的系统，确实是

205 ▶

交叉路口越多、系统越稳定的。然而，在将该理论应用于生物学时，我们犯下的一个巨大的错误在于，我们把食物网中的动植物想象成了某种必不可少的交叉通路。

现实生活中的动植物不会把自己当作传递"信息"或是名为"食物"的能量的通道。它们一直都在努力阻止食物的流动。社群中每个物种的每个个体都在竭尽全力地确保自己有足够的食物并阻止其他生物夺走它们的食物。在用信息论对食物网进行表述时，每个个体都被视为一条通路，食物可以在这些通路交叉的地方自由流转，但在现实中，这些个体其实都是路障，它们会尽其所能，阻碍食物的通过。正是这一事实让这个模型不仅不符合现实，甚至还很荒唐。

生态系统是一个美好的概念，它让我们能够理解每种生物的行为以及栖息地内发生的客观进程如何影响所有生物的命运。然而，利用信息论来类推生态系统中所发生的情况无论如何都是一种非常牵强的做法。它要求动植物以为我们所知的相反的方式行事。尤其当这个理论过度依赖于捕食者的效率，希望捕食者不仅能以一种极端简化的方式控制它们猎物的数量，还要它们在口味上完全不挑剔，这样它们就会把自己可怕的大嘴咬向任何凑巧数量比较丰富的受害者。可是我们知道（参见第十四章），现实中的捕食者才不会按照这种要求捕猎。

大多数狩猎动物都是体型较小的昆虫，比如黄蜂和甲虫。这些捕食者通常只会技巧高超地捕食特定种类的猎物。它们不会像信息论所要求的那样，将它们的注意力从一类目标转移到另一类

◀206

目标身上。在热带雨林里展开你追我藏的游击战的黄蜂和毛虫就同我假设中那座萧条小岛上的狐狸和兔子一样，都是孑然一身的存在。邻居的存在并不会让它们的未来变得更加稳定。它们仅仅是依靠逃跑和分散、搜寻和毁灭的逻辑维持其生存的。无论它们生活在怎样的群落里，它们都会这样做。

对于以植物为猎物的食草动物，现实中的情况同样如此。它们中每个种类都会专门以某一种或几种植物为食，因此信息论所要求的由可互换通路构成的系统在自然界是不存在的。对于小型昆虫捕食者，情况差不多也是如此。这些昆虫通常依赖单一植物来维持生计。但是，热带地区物种的复杂性很大程度上都是由昆虫和它们猎食的植物构建的。在现实中的群落里，动植物在很大程度上都过着与它们其他物种的邻居彼此隔绝的生活。竞争排斥原理告诉我们，这些动植物能够和平共处，而信息论模型则要求它们不断在小规模冲突中拼杀至死。

最近，数学生态学家已经着手对这一生物学课题进行研究。此前，我们一直将适用于电话网络的数学运算方法或者具有自由流动的反馈回路的简化物理模型应用于生态系统。这导致我们犯下了严重的错误。现在，研究者正在构建第一批基于下述假设的系统模型：系统中各单元的行为就是我们了解到的动物的行为，而且一个事件和另一个事件之间的反馈会受到抑制或出现延迟。对于这些模型，物种构成的复杂性和种群生活的稳定性之间并不存在任何简单直观的关系。事实上，结果恰恰与常识相反。在某些模型中，如果一个复杂的"群落"受到了干扰，那么结果并不是稳定，而是压力的增加，从而引起一种多米诺骨牌效应：物种数量越多，种群的不稳定性越强。这其实是一种共振现象，当某种干扰冲击在一个复杂的群落里传播开来时，它引起的波动也会持续放大。

因此，复杂的群落要比简单的群落更稳定的说法实际上是不成立的。它是对博物学家某些一厢情愿的想法的映射，而放大它的则是这些博物学家根本不懂的数学。这种理论已经造成了损害，因为它使人们忽视了真正的问题所在。复杂即稳定的观点曾在针对阿拉斯加输油管道的争议中被援引，有人反对这一项目是因为北极的生态系统非常"脆弱"（"因为它太简单了，你们不明白吗？"）。这纯属一派胡言。北极地区的动植物会将它们的一生以及进化经验全都花在与种种不利的环境因素相对抗上，这些不利因素可比任何管道或公路都要严酷。数量的波动对于它们中的大多数来说都只是稀松平常，所有这些物种都会比渴望石油的人类活得更长久。我恰恰认为，对于我们能留给后世的遗产而言，阿拉斯加输油管道确实是一场灾难，它一方面会对我们最后的荒野造成审美上的破坏，另一方面则鼓励我们继续滥用化石燃料。我发自内心地希望我们能够停止使用石油，但使用它就是在损害脆弱的生态系统的观点是错误的。横跨亚马孙河的高速公路所带来的影响可要比一条输油管道严重得多，因为这条公路会让多种多样 ◄208 的热带物种遭受人类活动的冲击，而这些物种可能很难适应这种冲击，因此待到公路建成之时，许多物种可能随之永远消失。

生态系统中丰富多样的物种并不会保证种群变得更稳定。不过，稳定的气候确实能够带来丰富的物种。这似乎才是事情的基本真相。

那么，又是什么带来了我们在大自然中所看到的那种平衡呢？多种不同生物彼此协作来维持生命的延续，这就是我们所谓的平衡，但对所有这些生物来说，最重要的是每一个物种都具备一套能让它坚持活下去的生存策略。森林里顶级树木的生存策略就是把守住自己的阵地、活得长久一些以及在母树的树荫下作为幼树成长。顶级树木需要好几代人的时间，或者遭遇一场飓风、一场瘟疫才会被取代，但飓风和瘟疫都是难得一遇的。在这些真正的顶级树木之间还存在一些正在由演替所填补的空位，但是即便在这些位置，变化也是以非常缓慢的速度发生的。所以，人类可能会有好几代人看到的都是同一片森林，可是它们并不会永远存在下去。

来来去去的杂草植物往往会经历无数的剧变，但是它们的机会主义策略总是让它们能在新的地方播种下新的一代，速度就和它们旧的一代从旧的土地上被剥除时一样快。杂草一直在我们周围来来去去，我们能够从这种延续中窥见这种总体平衡的一角。食草动物会猎食它们的植物猎物，随后离开这里，但是它们所清出的这片土地立马就会被另一种植物所占据，因为这片土地始终能够接收到来自太阳的能量。植物和它们的捕食者将继续它们无止境的抢椅子游戏，而这一游戏的结果就是我们认知中的平衡。

昆虫捕食者以及其他小型狩猎动物会和它们分散的、善于移

动的猎物进行一场搜寻与杀戮、躲藏与寻找的游戏。这同样让我 ◀209
们见证了自然的持续力，也就是我们所说的"平衡"。体型较大的
捕食者会依靠年老和生病的猎物过活。它们相对长寿，所以需要
挺过冬季。因此，它们势必会较为稀有。如果它们的数量很多的
话，它们就必定会因为食物匮乏而死去。这一机制也促成了这种
总体平衡的实现，而且更接近于那种通过对有限资源展开竞争而
建立起来的张牙舞爪式的平衡模式。大型捕食者同样面临这样的
情况，它们会杀死猎物的幼崽，从而抑制猎物的种群规模，最终
则会限制它们自己能得到的老弱病残动物的数量。

　　鸟类和许多其他脊椎动物一样具有复杂的行为模式，这些模
式是它们抚育后代以及从灾害中幸存所必不可少的，也都会影响
到它们的种群规模。无论其优势是通过食物、团结的双亲还是交
配获得的，领域性都有可能为种群内的个体数量设定上限。社会
性动物的等级制度同样会起到这样的作用。这些机制被进化出来
并不是为了以限制繁殖来促进"平衡"，但是它们都有可能起到这
样的作用。这些习性意味着博物学家眼中那些较为显眼的活动基
本上每年都差不太多。如果我们将目光锁定在以植物为食的昆虫、
姬蜂或是蜘蛛上的话，这会让我们产生一种自然界的基本平衡似
乎也没有非常稳固的感觉。

　　当然，自然平衡也包含每年都制造出来的巨大破坏，因为所
有物种都会倾尽全力地繁殖。不过，这种自然破坏通常都落在卵
或幼崽的头上：甲虫会钻开几乎每一颗橡果，飘浮的蒲公英种子
大多会落在石质地面上，黄蜂会捕食正在成长的毛虫，一岁大的

幼崽最容易在严酷的冬日里死去……当种群过于拥挤而生计非常艰难的时候，大批量的死亡既可能发生在大自然中，也可能会发生在配有充足食物的实验室笼子里，被饿死的往往是卵、胚胎和幼崽，那些年老的动物也会在大限将至之前就死掉。在现实世界中，抚育后代是非常艰难的。还没诞生或者还没有发育完全的动物是最容易死掉的。在某种意义上，自然更倾向于用堕胎而不是爪牙厮杀来维持其平衡。

211 ▶

第十八章

人类的位置

人类是一种已经学会如何在不改变自己繁殖策略的前提下改变自己生态位的动物。

人类自诞生以来的大部分时间都在冰期中度过。在那时，冰川自北一路南下，而全世界的气候都随着冰川的进退而发生变化。在上一个冰川扩展期，我们人类见证了最近一个漫长的安宁时期，这段时期甚至比冰川退却后至今的这几万年还要漫长。随后，我们就开始在世界上的各个地方生活，比如热带的森林和稀树草原，类似于如今欧洲和美国温带地区的森林、靠近冰川的森林，覆盖于北欧、俄罗斯西伯利亚地区以及如今已被白令海淹没的平原之上干燥的草原苔原。我们既狩猎又采集，有的时候侧重于狩猎，有的时候又侧重于采集。

当我们狩猎时，我们会像老虎或狼这些如今的顶级捕食者那样生活。或许和现代的狼一样，人类通常会杀掉那些年老的、生病的、年幼的猎物，但是也许我们能杀掉更多，因为人类的装备比它们的更加精良。配有石制矛头的长矛能够比老虎的利齿更加快速地杀死猎物，而我们的智谋也能够让进攻计划更为致命。那时人类可能不仅仅捕杀那些衰弱的猎物，正值壮年的猎物也会成为我们的盘中餐。无论如何，我们仍然是冰川时代的顶级捕食者，在食物链的顶端过着积极活跃的生活。所以，在那时，人类也是一种比较稀少的动物，就像如今的狮子和大白鲨一样稀少。

当我们采集时，我们会像熊一样生活。我们收集水果、坚果和毛虫，此外我们还能通过捕猎来获得些许肉。和熊一样，人类也会以家庭为单位进行活动，但是通过配给我们的资源、规划我们的行程以及主动储存食物以应对食物稀少的时节，人类会比熊做得更好。家庭内部可能会存在一定的劳动分工，因为照顾孩子而不太方便大范围走动的女性会花大量的时间来进行采集，男性则会进一步搜寻食物并捕杀体型更大的猎物。这种生存方式利用的自然资源正是熊会利用的那些，因而人类稀稀拉拉地分布在一个区域里，正像熊一样。

因此，人类所在的生态位让我们能够获得与老虎或与熊类似的食物供应。不过，我们的物种生态位实际上存在着些许奇异之处，而这些奇异之处在今天已经成了我们的特征。人类会用衣料来遮蔽自己的身体，并且相当擅长于此，因为在上一个冰期里，人类曾居住在北极苔原上，如果想在那里活下去的话，衣物是必不可少的。我们生活在如此遥远的宁静时代的祖先在必要时能够制造靴子、连指手套和皮制大衣。我们像今天一样生活在房子里，无论那房子是一处洞穴，还是由动物的肋骨、枝条、兽皮以及草堆搭成的小屋。社会生活使人类能够共同狩猎大型猎物，在觅食的时节里分开行动，或聚在一起以挨过漫长的冬季。我们可能早就开始和狗建立长期的协作关系，直到今天我们依然将它们作为我们的伙伴。通过这些方式，这些吃着熊或老虎会吃的食物的人类已经和如今的我们非常相似了。自然选择在他们的生存方式的基础上塑造出了我们。

在长达数千年的地理隔离中，自然选择开始塑造地理宗以及不同种族的人类，皮肤色素的变化就是在这一过程中发生的。然而，这些不同种族的人类本质上也没有太大差别。他们在那些重要的生态位参数上都没有非常明显的区别，而这些参数是性状替换的基础，它们决定是否会有新的物种能够诞生。和亚洲普通鸦面临的情况不同，当历史的偶然性以及迁徙让任何地理宗再次相聚时，自然选择并没有什么需要从中选择的。这些种族在各方面都非常相似，因而在他们的种群发生重叠的地带，他们能够共同繁殖后代并将他们的基因混合在一起。自然选择不会为了支持具有截然不同特征的人而抹除那些介于其间的人，因为所有人类种族都占据了一样的生态位。

就和所有稀少的大型猛兽一样，人类一度也很稀少，但是和它们不同的是我们拥有一套独特的繁殖策略，能确保会有尽可能多的后代被抚养长大。我们依照最为高效的繁殖策略——大子对策来进行繁殖，而且人类已经将这一对策发挥到了极致。人类的

223

幼崽在刚出生的时候是完全无助的，他们必须被抚养到十至十五岁。这个年龄在动物界已经非常惊人了。哪怕到十五岁，他们也并不是完全成熟的成年人。在之后的几年里，他们的处境仍然较为危险，直到他们准备好成为成功的双亲，准备好承担抚育更多人类的繁重任务。

只有在成本核算已经做得非常细致的前提下，这一繁殖策略才有可能是成功的。每一对配偶的繁殖野心都必须被仔细地设定好，这样他们才能建立起适应当地情况的规模适当的家庭，因为生育规划阶段犯下的任何错误都会遭到自然选择无情的惩罚。比较节制的配偶拥有的后代数量可能会少于他们原本有能力抚养的，因此他们对种群下一代的贡献要小于那些更有野心的配偶。如果他们数量很少的孩子以及孩子的孩子都如此节制的话，那么他们的家系极有可能断绝。所以，自然选择不会允许我们的祖先建立比他们能力范围内可以建立的更小的家庭。

过于庞大的家庭比小家庭更糟糕，因为在严酷的冬天里，这个家庭的资源可能会出现不够分的情况，从而导致所有的孩子统统死掉。人类必须谨慎地决定到底生多少个孩子才是最好的。这也是所有采用大子策略的物种必须衡量的，而人类则必须能够相当准确地估计出他们到底养得起几个孩子。基本的动物性需求也会在一定程度上帮助我们的祖先来决定这个数量，比如他们的肚子饱不饱，还有他们长了多少肉。营养比较好的女性会比那些蛋白质摄入不足的女性更早准备好进行生育，因为母亲的身体状况决定了她能否成功怀孕并产下胎儿。在当今世界的贫困地区，我们依然能看到这一机制在运作。然而，人类最终也得到了一些比动物性本能更好的系统来确定适合的家庭规模。

人类能够利用他们的智慧来确定自己要建立一个多大规模的家庭。人类那漫长的青少年时期已经强有力地证明了他们会根据理性来做出选择，因为在一个孩子身上的投入需要等上二十年才能得到在适合度方面的回报。在人类执行达尔文式繁殖策略的时候，他们必须始终对未来进行展望。有时候，他们的推理过程可能是非常简单和直接的，他们会从邻居身上吸取教训，比如某个邻居家里的所有孩子因为他们没有足够的食物而在某个冬天都死掉了，而另一个邻居则因为孩子少而成功地挨过了那个冬天。有时候，人类可能会按照老一辈的嘱咐来安排他们的家务事，这是人类所独有的一种非常聪明地借鉴他人经验的方式。我倾向于认为，高智力所带来的最大的选择优势就是它允许个体对生育机制进行此类巧妙的微调。高智力被进化出来的主要目的或许就是为了让那些拥有这一特征的幸运物种能够调节自己的家庭大小，从而促进繁殖。

无论诗人怎么把爱侣和春天联系在一起，人类女性几乎每个月都会排卵，而人类男性似乎一年四季都充满性欲。人类这些独特的性习性预期将导致儿童的过剩，因此我们遥远年代的祖先势必面临意外生子的难题。人类的繁殖策略需要他们根据所在环境选择最佳的繁殖数量。为了贯彻这一策略，人类必然需要某种机制来抑制这种过剩。人类的做法就是让这些他们不需要的孩子死掉。我们把这种做法称为"杀婴"，而且我们很清楚这一习俗一度

◀215

相当盛行。这就和能让我们看到这么做的必要性的高智力一样，也是人类所特有的习性。杀婴行为还会带来一个惊人的结果，就是它会提升人口的增长率。这一观点实在太过惊世骇俗，所以我必须重申一下。杀婴在理论上能够提升人口的增长率，而不是抑制人口的增长。杀婴杀害的是那些没有什么资源可以获得的过剩婴儿，而这样做的目的在于确保其他婴儿能够活下来。这是人类的性行为以及采取的达尔文式繁殖策略所固有的一种淘汰机制。杀婴是为了适应环境而做出的行为。

可是，在控制家庭规模方面，有意识的杀婴行为所起到的作用远没有自然夭折以及其他繁殖方面的限制来得重要。杀婴行为能够一代一代地沿袭下来，是因为我们人类在很久之前还把另一个新把戏引入了进化博弈之中。那就是文化选择。

人类的家族或部落能够通过有意识的学习将某些习性一代一代地流传下去，而不需要借助于基因。在人类最初获得这一能力的时候，它还是一种全新的东西。这意味着，一个家庭是否能取得达尔文理论层面的成功，即留下最多的能够活下来的后代，不仅仅取决于他们的基因和命运，还有他们曾经学到的东西。人类都生活在一些联系紧密的群体里，他们会听从群体里富有智慧的老人的建议，因此每一个群体都有其特殊的行事方式，而我们称之为"文化"。如果一个群体的文化比它周围群体的文化更适合于繁育后代，那么在这个成功的文化里受训的人将取代在其他文化里受训的人。因此，文化选择会导致某个区域完全被某一群拥有相同文化的人占据，而他们的文化就是最适应于抚养最大数量后代的文化。特别是这种成功的文化能够帮助每一对配偶来决定他们究竟要尝试抚养多少后代，因为它能够帮助他们确定他们能养得起多少后代。

不需要有意识地去盘算怎么做才是成功的，所需要的仅仅是人们按照别人对他们的期望行事。任何形式的性禁锢都是可用的，只要它能防止特定的家庭陷入人员过多的险境；献祭或是杀婴也是如此，不论屠杀他人的人究竟有什么意图。只要年轻的配偶能够受到充分的影响并按照巫医或年长女性的吩咐行事，那就足够了，哪怕他们自己也会怀疑这究竟满足的是哪种神秘的目的。假若这种特征能够将家庭规模保持在最佳，那么每一对配偶都会根据他们实际上养得起的孩子的数量来"选择"要生多少孩子，而文化选择极有可能保留下这一特征。

◀217

这些经过完善的繁殖策略有时意味着会有过多的孩子被生下来，但这一情况总是会得到纠正，于是此时会有更高比例的儿童因健康问题以及父母忽视的累积效应而死掉。人类对于那些较为轻微的意外伤害尤为敏感，因为他们需要很长时间才能长大，那么儿童的数量很难不超出他们土地的承载力（也就是生态学家所说的 K），所以他们的数量才会被逐步削减。其他的文化选择特征（比如世仇、部落战争还有成年仪式）也能起到淘汰过剩儿童的副作用。所有这些特征都让人类在冰期良好地适应了他们作为狩猎-采集者的生态位。或许数十万年来，人类的数量只出现过轻微的浮动。

大约九千年前，人类开始学会放牧动物，而不是捕杀它们，同时他们发明了农耕。放牧能够进一步增加我们的食物资源。这样一来，其他捕食者就没有机会对我们关在围栏里的动物下手，我们也能随心所欲地杀掉那些正值壮年的动物，而且不再需要把卡路里浪费在低效的捕猎过程中。农耕则更进一步地增加了我们的食物供给，因为植物性饮食会使人类在当地的埃尔顿金字塔中下降一整个营养级。此后，我们就能从处于我们食物链底部的植物那里掘取丰富的能量供给。通过决定应当种植哪些植物，人类掌握了一种方法，而我们终有一天能利用这一方法独自享用整个地球的初级生产。

放牧和农耕使得我们必须占据一种全新的生态位。这是第一次有动物不需要经历物种形成的过程就能够获得新的生态位。这是生命史上最为重要的一个事件。这意味着有一种动物如今能够持续改变自己的习性以从其他动植物那里获得食物，却不需要以失去过去的觅食方式为代价——通过物种形成来改变生态位总是要以此为代价的。人类能一点一点地占用支撑着其他动物生态位的资源，并持续将这些资源添加到他们自己的生态位上。

让人类和其他动物不同的并不是他们的智力。数十万年来，人类一直都很聪明，但是他们也和其他动物一样生活在自然选择指定的位置上。他们遵循和平共处的生态法则。真正让人类和其他生物不同的是他们随心所欲改变自己生态位的能力。这意味着他们就是吉卜林所说的那种"无法无天"（Without the Law）的存在。人类在改变自己生态位的过程中会让其他物种遭殃。从我们第一次获得这种能力至今，不过只有短短的九千年时间。

218 ▶

不过，在人类进行这种重大的改变时，还是无法摆脱他们原本生态位的所有限制。人类凭借他们的体格和性格并利用许多微妙的欲望和行为模式适应了作为冰川时代中四处游荡的觅食者的生活。这些欲望和行为模式被保留了下来，时至今日仍然发挥着和当初一样的作用。他们的后代继续发明能够让他们适应成年人捕猎、采集以及保存所获食物的方法。人类仍然会穿衣服，会住在屋子里，并且会和狗维持长长久久的伙伴关系。他们依然保留着他们的旧习惯，毕竟曾经这些习惯让他们能够安全无虞地在过去相对严格的生态位界限内过活。人类也依然在坚持达尔文式的繁殖策略。

每一对配偶就像他们一直所做的那样，还是会继续根据他们的能力来决定要抚养多少个孩子，并且他们也保留了某些习性以方便估计出他们所在的环境能够供养得起多少数量的孩子。那些并不了解过去的艰辛的一代代人类很快便会被抚养长大。当畜栏里的野兽和地窖里的谷物能够让他们熬过那些艰难时刻的时候，人们就会开始对那些提倡沿袭过去那种压抑习俗的老人们愈发不耐烦。一旦性禁锢和杀婴这种人为限制被解除了，年轻的配偶们就会感觉他们能养得起比起祖先更多的孩子。那些野心勃勃的家庭也不太可能在冬天被淘汰掉，而生态位改变所带来的额外的食物能量会开始以古老的进化方式被转化为更多的后代，即使这些变化所带来的食物是之前他们从未摄入过的。人口数量开始呈几何级增长，于是我们有了如此庞大的人口。

▲219

人类开始变得多而密集，同时他们还开始在别的地方定居。

人们必须对食物的生产过程进行组织并定量配给食物，否则他们就供养不起自己庞大的家庭。城邦国家和市场经济随即出现，两者都是人口密集所导致的必然结果。无论光景好坏，它们都能通过囤积、定量配给以及进口来为大量的人口提供充足的食物供应。古老的书籍向我们讲述了这些早期社会的状况。从书中，我们了解到了希伯来人的故事。在那时，他们仍然是人口较为稀少的游牧民族，但为了避免自己的孩子被饿死，他们踏上了迁徙之旅，因为"埃及生长有玉米"。他们旅途的终点埃及，则是一个具有粮食储备的文明国度。

城邦中必定存在统治者和被统治者，即负责组织的人以及甘于等着自己下一餐的人。所以，这一物种里的个体彼时已经生活在了许多不同的生态位上。商人、官员或者祭司等组织者的生活所涉及的内容比较广泛，因此他们需要更多生存空间和资源来维持这种生活。这些统治者具有广阔的生态位。然而，普罗大众则会以较为受限的方式生活，因这种生存方式所需的生存空间仅仅是用于种植食物的资源。这些普罗大众具有较狭隘的生态位。

人类发明了富有和贫穷。对于某些人而言，人类改变生态位的把戏使得他们的志向得以大大拓展。他们获得了空闲时间来发明艺术、陶冶自己的情操以及盘算如何让自己过得更舒适，所有这些都是人类这种奇异把戏的直接结果，他们能在不形成新物种的前提下改变自己的生存方式。这些幸运的人类不需要以放弃冰期时生态位所对应的活动为代价，毕竟他们的身体和心理机制都是为这个生态位打造的。他们可以去探险或打猎。因此，富人会有广阔且复杂的生态位。但是，穷人只能先吃饱肚子，以他们尚未适应的方式辛勤劳作，以及繁殖。

一个广阔的生态位比狭隘的生态位需要更多的资源，不论这些资源是空间、食物、能量、原材料还是一些更加微妙的东西。富人广阔的生态位不可能和穷人狭隘的生态位一样多。因此，在获得改变生态位的新能力后，起初出现的婴儿过剩情况可能会导致几代之后他们的社会里中净是穷人。到那时，人们可能会在进化的一瞬间从冰川时期的猎人转变为那种最为穷苦的从事农耕的农民，他们基本上应该不希望再来一次这样的生态位变化了。但是人类并没有陷入这种窘境，因为在人口日益增长、有越来越多的人需要从生态位的大蛋糕上切下属于自己那一片的同时，他们已经学会了如何将这个蛋糕做得尽量大一些。

凭借食物或者肌肉以外的能量，加上利用原始地球所不曾有的材料和系统，人类已经能够制造出一个更大的可供各个生态位分享的资源蛋糕。所以，他们达尔文式的家庭习俗所导致的人口增长似乎也不是什么大事，因为新技术将持续为人类的生态位空间创造出更多的资源。被所有人分享的这个大蛋糕开始变得越来越大。然而，这些进步往往是分阶段实现的，它们常常会在达到某种稳定期后停滞不前，此时那个大蛋糕会掉下些许碎屑。随后，随着人口的增长，这块蛋糕又会变得有些不够分了，其后果就是历史上的那些动荡时期。

富有以及更多样的生存方式是有可能实现的，只要人口的数量相比于任何层次的技术所带来的总生态位空间还不够多就可以了。只要人口没有过于庞大，大多数人还是能够以他们所渴望的、令自己满意的生存方式过活的。但是，我们的繁殖策略一直致力于让我们建立更大的种群，因此，我们中间永远都有穷人和富人。据记载，拿撒勒的耶稣曾说过我们之中永远都会有穷人。罗马帝国拥挤得可怕的一角发出的这一声绝望呼喊，包含了对于已经摆脱以动物方式行事所带来的其他限制的人类所保留下来的达尔文式繁殖策略的精准理解。人口的几何级增长永远都能赶上技术创新带来的蛋糕变大。也许生态学的第一社会定律应当写成："所有贫穷都是由人口的持续增长引起的。"

在最近几十年里，一小部分西方国家变得特别具有创造力，从而使这个蛋糕的大小快速逼近上限，而设定这个上限的是类似地球表面可用空间的数量这样的固定界限。他们的人口数量还没有追上科技发展的速度，所以他们能够减少不得不生活在贫困之中的人口数量，尽管是在相当局部的范围内。此外，由于人们关于他们到底能养得起多少个孩子的观点发生了改变，这些国家的出生率也出现了轻微的下滑。可总的人口数量仍然是在增长的。即使人口的增长率只有 0.5%，反复累加，也会在几代之内追上富余的资源，随后普罗大众又会陷入贫穷之中。当然，相对贫穷始终存在于我们的身边。

一个正在扩张的社会往往具备过剩的资源，在那时，较为富裕的人还是会关心普通民众的生活水平的。一旦人口数量开始追上资源数量时，统治者会发现，他们自己的生活方式也会遭到威胁。因此，他们必须维护好自己的特权，成为专制的统治阶级。

等级制度可能就是在这两种压力——增长的人口数量和试图维护自己已获得的优越生活方式的统治阶级——的作用下诞生的。在古老的印度，高种姓的人会过着富裕的生活，他们举止得体，品位高雅，并且需要许多资源，而最低种姓的人则过着最为贫苦的生活。在这两个种姓之间还存在其他有高低次序的种姓。人类并不知道，是他们的繁殖策略导致大多数人都过着贫穷的生活；或许他们知道，但他们不在乎。如果较高种姓的人口出现过剩的话，那么他们就可能被贬为更低的种姓，他们所拥有的空间也会相应减少。对于那些最低种姓的人，也就是大多数人，每一对配偶仍然抚养着他们能负担得起的数量的孩子。但是，他们负担不起太多。第一批入侵印度的英国人的记录清晰地表明，杀婴在印度农民中非常常见。这是这些低种姓所能找到的最好的让他们家庭规模保持在负担得起的水平上的方法。

另一个我们熟悉的等级制度就是过去几个世纪里英国的等级制度。这个制度没有印度的种姓制度那么严格，也相对无害一些。和印度的农民相比，在英国，最低等级的劳动者也能过上相对富裕的生活，至少在大工业出现之前是这样的。人们也相对较少地采用杀婴这样恶劣的手段来控制家庭的规模。这是因为过剩的人口可以被输送至海外那些由英国以武力控制且只有为数不多的狩猎-采集者生活的新大陆。

认为他们的生存方式会受到日益增长的人口威胁的统治阶级则会以一种粗略的方式感觉到资源——特别是分给其幼子的土地——所面临的短缺。弥补这一问题的显而易见的办法就是通过

◀223

武力从他人那里夺走资源。一个臭名昭著的例子就是欧洲人从当地原住民那里夺取了新大陆，不过那些历史上更为宏大的战争同样也符合这一情况。强大领袖的征服战争可以被理解为人类改变生态位的习性而非繁殖策略的产物。

亚历山大二世被称为"大帝"是因为他建立了一个帝国，消灭了不计其数的军队，并将希腊的生活方式强加给当时的已知世界。这样的伟业不可能只是一个人的一己之力所促成的结果。或许，我们可以在一定程度上把它归因于希腊军队的先进技术和严明纪律（外加一位师从亚里士多德的聪明的年轻人卓越的统率力）。然而，要找到真正的答案，我们需要从希腊此前几个世纪的历史那里入手。那是一个冲突迭起、科技发展以及人口飙升的年代。希腊建立了殖民地，以分摊一点点希腊过剩的人口。如果人口继续攀升，那么为了扩张殖民地，希腊人势必会发动更大规模的战争。只要每对配偶继续抚养他们认为自己所能抚养得起的数量的孩子，人口就势必会继续增长。考虑到这个国家已经开发出了先进的军事技术，像亚历山大大帝这样的征服者就必然会出现。我们必须指出的是，对于希腊人来说，真正危急的并不是生存，也不是喂饱这些人口的能力，而是他们的生存方式。只有人口密度还在某个限定范围内，他们才有可能继续以原来的方式生存。所有正在前进的社会都有这种对于密度的临界极限。一旦这一极限被超越，一旦周围有比较弱的国家，那么他们就会进入战争状态。生态学的第二社会定律也许可以说成："侵略战争是由富裕社会中人口的持续增长引发的。"

这个希腊人的帝国很快就分崩离析。不久之后，以相似方式建立起来的罗马帝国则延续了更长的时间，也许是因为罗马人征服的大多是"野蛮人"的领土。这些民族拥有的是些更加原始的技术，这些技术只够他们养活很少的人。因此，从罗马人的标准来看，他们的土地尚未被开发，故而能够在长时间内吸收罗马帝国过剩的人口。但是，拥挤产生的压力导致罗马帝国的内部出现了极端的苦难和贫穷。这段历史也告诉我们，贫穷始终与我们同在。

在历史上所有大规模的侵略、征服背后，都是一群在人口日益增长的同时希望能够提升生活水平的人。但是，他们所采取的繁殖策略让他们不会去保持一个能够让他们能永远保持较为优越的生存方式的家庭规模，而是生下他们认为自己能够负担得起的数量的孩子。这意味着在他们建立起的帝国的内部，人口压力会毁掉每一种它应当维持的生存方式。

在城邦形成之后，一个针对人类事务的生态学模型预测，贫穷、逐渐变得专制的上层阶级、等级制度、侵略战争、帝国以及帝国的最终瓦解都会随着人口的攀升而出现。在这一过程中，民 ◀225
众将逐渐心生叛逆，从而不再会继续接受统治。

历史学家阿诺德·汤因比（Arnold Toynbee）对所有有文献记载的文明兴衰进行了梳理，然后他发现了一种普遍模式：文明会在边缘地崛起。汤因比声称，艰苦的环境可以给人们带来精神上的冲击，从而敦促他们做到最好。在生态学家看来，边缘地能够诞生出极具侵略性的文明并不是值得惊奇的事，因为那里的人们会最先感受到人口增长所带来的压力，从而不得不开始积极扩张。由此，汤因比重现的结果和生态模型所预测的一样。在一段时间内，"具有创造性的少数"将成为大众效仿的榜样。但是，"具有创造性的少数"会变为专制的"占主导地位的少数"，到那时民众就不会再效仿他们了，他们会转而变成愤怒的"内部无产者"。随后，一位"持剑的救世主"会建立起一个"统一政权"。然而，即使是这个政权也会衰败。这些名称都是汤因比自己发明的，但是我们可以在生态学分析中找到它们所代表的含义。

最终，汤因比指出，在帝国没落之后，一个从受压迫的无产者中诞生的世界性宗教将会长久存在。生态学家需要做的仅仅是指出，这种世界性宗教的吸引力在于它们会劝说受压迫者继续忍耐。"你什么也改变不了。""世界上永远都有穷人。""随遇而安吧，依靠你的精神力量忍受下去。"生活在将将能够过活的生态位上的人也没有更多能做的了。

九千年的光阴就是在这样的历史循环中度过的，每一次循环都是最开始的那种情况的一个必然结果，因为人类跳脱出一个固定生态位的限制的同时却始终没有修正他们的繁殖策略。也许人类并没有理解我们在孩子数量方面的选择究竟对人类的命运有何影响，毕竟我们所取得的辉煌成就以及我们的苦难和贫穷都可以归因于此。随着每一次扩张的进行，我们人类获得了无可估量的智慧以及一切可能的对生命的理解，并且我们也没有因之后的每一次瓦解而失去它们。

可到如今，我们的人口比之前任何时候都要庞大，而且我们认为我们的文明至少和以前一样好。通过扩大资源蛋糕的大小，利用改良的农业和化石燃料驱动的工业，我们的创新能力让这一点成为可能。我们不仅仅喂饱了大多数人，我们还为许多我们自冰川时期就有的渴望提供了发泄途径或者替代品。旅行和飙车会给我们带来一种冒险的错觉，屏幕上移动的图像则会为我们的情感提供生存所必需的有效安慰剂。九千年前，我们进入这一时代时所点燃的渴望如今已经被更多的人所分享，而且比以往任何时候都多。但是，如果人口继续增长的话，这种成功将会是非常短暂的。几代之后，毁灭了之前所有文明的大麻烦又会找到我们头上来。我们的生存方式又将受到增长的人口数量的威胁，我们可能会遭遇我们的先人们曾经历过的巨变和竞争，只不过是现代版的巨变和竞争罢了。

这些竞争的一个可能结果——有时甚至只是序幕，就是侵略战争。如果你觉得这很荒谬的话，不妨回想一下生活在科技发达的岛屿国家的人民所遭遇的困境吧。从长远来看，贫穷确实是在日益减少的，但与此同时，人类的欲望也在日益膨胀。我们需要占据一定生态位来满足我们那些不可压缩的需求，而由于他们的岛上已经非常拥挤，其人口数量已经达到了由生态位池所决定的上限。人们能享有的隐私越来越少，对开放空间使用的配给和限 ◀227 制也变得越来越严格，因此年轻人不再有途径释放曾让我们成功适应冰期生活的对冒险的热爱。叛乱和犯罪发生得更加频繁，对生存资源的争夺乔装成了为个人自由而展开的抗争。过剩人口的能量可以暂时输送向海外，特别是那些方便他们兜售其产业以换取原材料和食物的市场，从而让生活在拥挤的本岛的人们可能以较高的生活水平生活。可海外的扩张势必导致冲突的发生，希腊城邦的殖民地就是最好的例子。随后，为本岛提供补给的殖民地对原材料和食物的需求也会日益增长。他们会用完所有的补给，留不下任何东西可以运送回本岛。为过度拥挤而感到焦躁的本岛人必须在一定程度上降低自己的生活水平，放弃一部分他们眼中的自由。对于那些认为岛屿居民在面对这样的未来时也不会发动袭击的人，英国或日本这种极具侵略性的岛国的历史就足以让他们胆战心惊。

228 ▶

如果全球各地的人口数量都在快速增长，那么我认为以入侵为目的的战争只是时间问题，最多再等上个几代就会发生。然而，所有发达国家的人口增长率都在下滑，而只有这些国家有能力发动核打击。因此，是否会发生战争很大程度取决于这个引起人口增长率下降的原因。我们必须知道这个原因是否关键到能够在未来继续让人口增长率保持下降。

显然，我们并没有改变我们古老的达尔文式繁殖策略，每一对配偶仍然会选择生下他们认为自己能够负担得起的数量的孩子。因此，出生率和增长率会出现下降必然是因为年轻的配偶们改变了对自己能抚养多少个孩子的看法。事实也是如此。我们在广阔的生态位上生活，而这种状态被我们称为"富裕"。这种富裕需要每个人都能获得很多的资源，每个孩子都能获得很多的资源。我们现在已有的人口已经给我们带来了很大的压力，年轻的配偶们要满足自己对富裕的要求尚属不易，而赢得更多资源来为他们的孩子提供同样广阔的生态位似乎更是难上加难。此外，对孩子进行教育以使其适应这种生存方式也需要花费时间，而时间也是生态位的一种参数，是人类无法通过其聪明才智改变的。在这种情况下，没有一对配偶会觉得他们在抚养许多孩子的同时还能让这些孩子都生活在和自己原来一样的生活水平上。因此，如果我们继续实行达尔文式的繁殖策略，小家庭就是一个可以预见的结果。在资源允许时，人们依然会建立尽可能大的家庭，只是他们的野心发生了变化，他们的资源只允许他们抚养比他们这一代稍多一点点的下一代人。

在小家庭这一点上，我们有了超越以往所有已经消失的文明的一个巨大优势。这些文明接受了大规模贫困或奴隶制，甚至两者并存。尽管我们没有数据可以对这一结论进行验证，我还是认为富裕的小家庭是人类的文明所独有的现象，而其他的文明都头也不回地走向了自己的毁灭。◀229

只要人类还采取达尔文式的繁殖策略，过得不富裕的人永远无法接受小家庭。因为只有经历过富裕的人才会认为，他们可获得的资源只允许他们抚养很少的孩子——如果他们希望自己的孩子能够过上和自己同样水准的生活。很多具有公德心的人都寻求过帮助生活在人口飞涨的欠发达国家的人的方法，他们希望改善这些人的生活状况。他们提供他们节育措施。然而，现代的节育方法允许我们进一步完善我们的达尔文式繁殖策略。它们为我们提供了保证我们抚养的孩子的数量正好是我们允许的最大数量的手段，不会太多也不会太少。避孕药、安全套以及子宫内避孕器都是保证有最大数量的年轻人能够支撑起下一代的最有力的手段。
这就是欠发达地区的人口持续飙升的原因之一。

　　所以，对于现代世界中的家庭规模，其模式是完全可以通过
生态学理论解释清楚的。它确实是九千年来我们物种的生存方式所
导致的可以预见的一个结果。我们必须在假定这种模式还将继续的
前提下对后几代人的未来进行预估。尽管可能存在些许波动，小家
庭在发达国家仍然将是主流，而大家庭在欠发达国家依然占多数。
发达国家的人口将继续以缓慢的速度增长，这势必会降低接下来
几十年内大规模冲突发生的概率。

　　现在，我们就能更好地看清我们的未来了。虽然这个图景可
能不算美好，因为我们可以看到所有由过度拥挤带来的麻烦，正
是这些麻烦毁掉了过去所有的帝国，但是常常被拥挤的民族用来
缓解这种压力的侵略战争却似乎不会发生。如果我们的人口数量
现在停止增长，那么在今后的一段时间里，拥有先进技术的国家
可以通过他们的创新能力来满足他们的渴望。这意味着二孩家庭
将成为发达社会里的标准模式，这一模式已被建立并持续了数代。
所以，我们预计，人口数量在未来会缓慢增长，人们的渴望仍会
日益膨胀，但没有多少人会指望通过成功的侵略战争来解决这两
种压力。

　　技术可能会为我们找到几乎无限制的可供人类加工的原材料，
甚至是能量。从这种角度上看，一个广阔的生态位所需要的资源
是能和人口保持同步增长的，但是其他资源可能并不会增长太多。
这些资源为我们提供了空间、隐私、年轻时的冒险体验以及有时

候做一点儿我们喜欢的事的权利。这些资源仍然是需要被定量配给的。为了实现定量配给，我们需要更多的政府和官僚机构。

可我们的社会仍然会变得越来越拥挤。我们需要喂饱生活在这个社会里的人，给他们衣服穿，给他们提供庇护所。可我们确实将迫使他们中的很多人生活在不适合他们的生态位上。如果我们确实知道未来会是什么样子的，我们就需要某些令人满意的定义来对我们将会否定的人类生态位类型进行说明。我认为，哲学家几百年来的工作让我们理解了一个理想的人类生态位应当是什么样的。我们可能会说，一个令人满意的人类生态位是由一系列我们并不陌生的权利所界定的，比如生命以及对幸福的追求。我们的技术将继续为我们的生命提供保障。随着我们的种群慢慢变得更加拥挤，它会成为另一种被否定的生态位参数。◀ 231

尾声

　　阳光穿透地球表面的大气层并照耀在它的岩石外壳上长达四十五亿年。通过驱动依靠流水工作的热力发动机和冻融循环，它使地球表面即使不停蠕动也能保持不变。它使大气中的气体永远处于循环移动中，同时它还是某些缓慢进行的化学变化所需的燃料。起初，地球上是没有游离氧的，因为它一生成就会立刻与铁、钙、硫以及其他元素化合。但是，阳光使氧从水中脱离出来。如此一来，质量较轻的氢气就会逸散出去。更加重要的是，第一批细菌和藻类利用阳光和碳来合成燃料并释放了与碳结合的氧。在二三十亿年间，它们产出了非常多的氧气，使得大气层中的氧含量足足达到了 20%。这样的大气就是我们如今所谓的空气。

　　随着氧气储量的增加，自然选择开始青睐于那些能够适应并利用这一新环境的生命形式。这个生物化学过程可花了不少时间，肯定有个十亿年。这十亿年过去之后，植物已经能够利用光合作用来生产糖了，而随后在它们需要能量时，它们又能够随时利用游离的氧气来燃烧这些糖并释放能量。然而，游离的氧气意味着某些生物能够享用植物产出的糖而不必费力气来制造它。这些生物就是最初的动物。

在动物啃食植物时，成为一株无法被吃掉的植物显然是有好处的。含有可怕的化学物质或者在偏远地带分散生活的新类型植物会被自然选择保留下来。自此，许多物种肩并肩地共同生活的模式逐渐开始成形，而这一模式造就了当今如此奇异又丰富的植被。自然选择偏爱那些新出现的、能够对付植物进化出的新把戏的动物品种，于是越来越多的动物种类出现了。最终，这些新的动物品种中有一些不再仅仅依靠捕食植物来维持生计，它们开始去追逐其他的植食者。这就是最初的食肉动物。它们迫使自然选择保留那些能够抵御它们的食草动物。动物携带起它们最初的猎杀武器，而猎食者和猎物也开始了一场体型上的进化竞赛。较大的体型是一种防御手段，它也会促使攻击者长出一样大的体型。这是相对近来发生的事，大约可以追溯到五亿年前，因为我们在岩石中发现了一群那个时代的动物化石，而它们的头骨已经大到我们肉眼可见的程度了。

此后，地球基本上成为我们如今所知的地球。植物、它们的捕食者以及这些捕食者的捕食者生活在我们能够呼吸的空气中或者我们所知的带着咸味的海洋里。在地球斑驳的表面上，由于当地的客观条件影响了猎物和猎食者之间无止境的捉迷藏游戏，植物还有一大堆猎食它们的动物开始细分成不同的当地品种，而它们不停歇的移动很有可能会让趋异的种群又重新混合在一起。当◀233 不同的类型混合在一起时，自然选择会更青睐那些特立独行的个体，因为这样一来，它们会专心获取能量并抚养后代，而不会把精力浪费在无谓的冲突上。那些在一个较为和平的环境里繁殖的动物是最适应的动物。它们的后代会变为新的物种，而这些新物种的生态位能够确保它们与其邻居和平共处。

对于每个物种而言，最重要的事莫过于抚养它们的后代，但是这通常都很艰难。自然选择会迫使每个个体与它的同类为哺育后代所需的食物能量竞争。许多种群都会采取赌徒常用的策略，就是将它们的资本分成小份进行投注，以期覆盖不确定的世界中的所有可能性。于是，产下小卵或者小种子的生物出现了。其他物种则知道如何获得更高的投资回报，它们会将所有食物都供给少量的几个体型较大的后代。不过，这些繁殖策略无论如何都不会影响到最终的种群规模，因为个体的数量是由有限的土地上各种生活方式所面临的机会决定的。

自然选择迫使所有动植物和平共处，这样一来它们便可以分享同一个生存空间。它们都需要这些地方的基本原材料，比如磷、钾等等，而这种共同的兴趣使这些物质不再单纯地以物理循环的方式流动。当我们谈到生态系统时，我们就意识到生物在这种自然循环中所发挥的那一分作用。

234 ▶ 生物的能量驱动与无机世界的能量驱动相比，还是逊色了许多。由于二氧化碳和其他原料的缺乏，绿色植物会以不超过 2% 的平均效率转化太阳能。因此，超过 98% 的洒落在地球上的自由能量会成为生态系统的物理驱动。所以，生命都对这一现实做出了回应，它们顺应这个客观世界而不是去塑造它。

我们可以在自然界中许多更加宏大的模式中看到这种对太阳能和地球岩石的顺应：不同地区的不同类型的植物，如荒漠般低产的蓝色海洋，稀少的大型猛兽，我们污染或者不污染时水体状态发生的变化，食物供给的限制，或者人类获得幸福的有限可能性。我们甚至能通过大自然的稳定或者平衡程度来感受到这种顺应，而稳定和平衡对于地球生命来说似乎又至关重要。稳定和平衡在很大程度上并不是通过生命之间的相互作用来达成，它们反映了物质系统潜在的稳定性。也许在生态学界阴魂不散的一个最大的错误就是把稳定性看作生物复杂性的产物。物种聚集在一起会导致一个稳定的实体的形成——这种观点就和生态学这门学科本身一样古老，但是它依然是没有客观依据的。

尽管自然选择已经尽可能弱化不同物种之间的竞争，它们中的个体还是要为生活必需品而与自己的同类相争。鉴于养育尽可能多的后代的必要性，我们可以直接预见到这一点。但是即使这种竞争也以一些令人惊奇的方式被弱化了，尽管这只会发生在聚集于一处的每一个个体都有明显的优势的情况下。领域性动物会尊重它们的同类邻居，是因为放弃一片空间的使用权并去其他地方试试运气比争斗不休更有机会提升它们自己的适合度。很多我们对自然界中生物那些令人羡慕的调节的感知，都来源于由此产生的规律的行为模式。 ◀235

然而，严酷的现实条件，辅以生物圈中98%的自由能量的推波助澜，是所有物种头上悬着的威胁，由此产生的意外事件有可能会导致一整个物种的灭绝。种群的随机重叠和竞争得过于激烈的物种的消失使新的物种得以不断出现，而其他的物种则会同时消失。任何时间地点下的物种数量都是由新物种出现和旧物种消失这两个过程之间的平衡决定的。

只要谋求新的生存方式的工作还是由自然选择完成的，地球上的生命就能维持脆弱的和平共处。可最终，有一种动物发现它们可以随心所欲地占据新的生态位，将其他生物的生态位空间挪为己用，摆脱自然选择强加给所有其他物种的固定生态位的限制。然而，这种动物仍然遵循着自然选择的另一个法则，那是繁殖尽可能多的后代。这种新型动物的活动必然会损害几乎所有其他物种的利益，因为它想要更多的后代。在这一动力的驱使下，它选择发动野蛮的竞争，而非和平共处。它以这种新的生存方式生存了刚刚九千年的时间。

236 ▶

生态学阅读

生态学作为一门专业的学科如今已经缓慢地发展了起来，并与最初发表在某些专业期刊上的文献脱离了干系，因为期刊中论述的生态学往往都是观察专业人士活动的外行作者的高谈阔论。在任何一座公共图书馆中，我们都能在"生态学"这个类目下找到一大堆图书卡，可《猛兽稀少》中众多议题所提及的那些书却不会列入这些图书卡。就算图书馆里的"生态学"图书确实触及相同的议题，它们所表达的那些自认为是生态学的观点通常也都是我力图证明是错误的那些，比如：我们的大气岌岌可危，简化了的生态系统不够稳定，我们应当在海洋里开展农业。也许公共图书馆里压根就没有和我们这种生态学相关的书籍。哪怕有，也只可能是奥德姆的教科书。至少这是本不错的书。

在 1970 年之前，生态学领域共有两本通识教材在其学科史上留下了永恒的印记，我们至今仍然能从这两本书中获益。第一本就是查尔斯·埃尔顿的《动物生态学》(*Animal Ecology*)。《动物生态学》于 1927 年首次出版，随后多次再版，不过后续各个版本都只做了微小的改动。我们对食物网和食物链的普遍认识都应当归功于这本书。它也是一本以达尔文学说为基础的书籍，满载着这位进化生物学家的真知灼见。它鼓舞了生态学领域的众多学者，使他们取得了现代化的进展。《动物生态学》也是一本富有文采的优质阅读材料。第二本则是 E.P. 奥德姆的《生态学基础》(*Fundamentals of Ecology*)，于 1953 年首次出版，并在后来的版本中进行了大量修订。这本书让"生态系统"变成了流行词汇。正是奥德姆向学术界宣传了生态系统的能量流动理论（该理论由耶鲁大学的林德曼和哈钦森创立）。十五年来，奥德姆一直将生态学推崇为一门真正的科学。最新一版的《生态学基础》(1971) 仍然是可靠的生态学信息的绝佳来源，尽管我们中的一些人认为它过于强调生态系统通过演替实现增长。

239 ▶

在奥德姆无可争议地领衔生态学界的十五年中，许多从他著作中得到部分训练的学者都开始研究并建立了他们自己的一套理论。他们在自己领域的期刊以外的地方基本上仍会保持沉默，哪怕是环境危机爆发时其他人以生态学的名义说了许多不该说的话。随后，他们的教科书在二十世纪七十年代初一本接一本地出版，而 1973 年新年前后的六个月是这股出版浪潮的顶峰。其间，共有五本适用于大学新生的新教科书面世，每一本都具有一定的专业重点。这些书和奥德姆的《生态学基础》一同提供了扎实的生态学信息，即使是先前没有经过学术训练的读者也能轻松地从这些书中搜寻信息。克雷布斯、麦克诺顿和沃尔夫以及科利尔等人的著作和一般教科书一样，更适用于给学生上课时使用；而里克莱夫斯和科林沃则尝试撰写适用于自行阅读的教科书。

博物学作家奥尔多·利奥波德也为生态学的发展贡献巨大，尤其是他于1936年出版的《狩猎管理》（*Game Management*）一书。然而，在阅读利奥波德的著作时，我们必须留心，他在很大程度上夸大了大型捕食者对其猎物的控制效应，致使这种错误的夸大至今风行。他曾设想在美国亚利桑那州的凯巴布高原上，当 ◀ 240 所有捕食者都被射杀之后，鹿的种群数量会出现爆炸性增长。尔后，这一假想被认为是毫无根据的，尽管这一观点还是出现在了某些新出版的图书（比如里克莱夫斯的）中。

还有两本于1954年面世的重要图书在一场生态学论战中确立了它们的对立立场，它们在论证过程中展现的文学魅力让诸多学者沉醉不已。大卫·拉克在其《动物数量的自然调节》（*Natural Regulation of Anima Numbers*）一书中将洛特卡-沃尔泰拉-高泽竞争模型深化为一种关于所有动物数量的密度依赖调节的普遍理论，而他的数据主要来自对鸟类的研究。安德鲁阿萨和伯奇在《动物的分布和丰富度》（*Distribution and Abundance of Animals*）中则提出相反的观点，他们认为这些竞争模型不符合现实，随机的恶劣天气加上广泛的分布为实际生存的数量设定了上限。在这两本书面世的二十多年以来，大多数生态学家都吸收了两本书中精华为己所用。

伊夫林·哈钦森的三本论文集则精准拿捏了生态学论点的核心，使其脱离方程和晦涩的专业术语，只可惜我们的大部分思考方式都为这些方程和行话所主导。这三本论文集即《流动的象牙塔》(*The Itinerant Ivory Tower*)、《奇幻之旅》(*The Enchanted Voyage*)和《生态剧院与演化戏剧》(*The Ecological Theater and the Evolutionary Play*)。尽管麦克阿瑟的《地理生态学》(*Geographical Ecology*)以通俗易懂的方式阐明了后来的生态学观念，但现代生态学已经没有什么语言更加优美的读物可以提供给我们的了。

鲜少有文献谈论我在本书最后一章《人类的位置》中论述的主题。我在我的新书《国家的命运》(*The Fates of Nations*)中精心阐述了这一历史模型，西蒙-舒斯特出版公司计划在 1980 年春季出版此书。我还从我自己出版的另外三本书籍中引述了一些观点。据我所知，最近尝试平行思考的是海尔布罗纳的《人类的前途》(*Human Prospect*)，不过这本书谈论的主要是经济。它所论述的生态学是有缺陷的，因为它接受了类似简化的生态系统是不稳定的观点，毕竟这本书是在我们对这些观点的辩驳广而传播之前写好的。海尔布罗纳同样认为核战争是有可能发生的，不过发动者将是那些落后大陆的国家而非发达大陆的国家，这一点与我的生态学模型的预测结果并不相悖。罗森茨韦格的著作最为贴切地描述了人类所面临的困境背后的进化学基础。最好的短文则是哈丁的《公地的悲剧》(*Tragedy of the Commons*)。

下方书目中的书名则是我在本书中论述某些观点时所引用的参考文献。如果我在论述过程中提到了某个生态学家的名字，那么我一定会在下方列出参考来源。至于一些更加笼统的观点的源头，你都可以在第三段中提及的六本教科书中找到。其他参考

241 ▶

文献都已经列在下方。欲了解生产力及其测量方法以及梯度分析，可参考 Whittaker（1975）；欲了解植物社会学学派，可参考 Whittaker（1962）和 Oosting；欲了解复杂性-稳定性理论以及对它的驳斥，可参考 MacArthur（1955）、May 和 Goodman；欲了解放牧动物的影响，可参考 Harper；欲了解能量转换的效率，可参考 Slobodkin；欲了解黑背钟鹊，可参考 Carrick；欲了解缅因州枪手，可参考 Steward 和 Aldrich；欲了解澳洲瓢虫的故事以及其他生物防治的例子，可参考 De Bach；欲了解性状替换，可参考 Brown 和 Wilson；欲了解湖泊随老化而富营养化的假说，可参考 Deevey 和 Livingstone；欲了解海洋化学和其他地球化学，可参考 Garrels 和 McKenzie；欲了解生物圈中的能量流动，可参考 Morowitz。

◀242

参考文献

Andrewartha, H. G., and L. C. Birch, 1954. *The Distribution and Abundance of Animals*. Chicago: University of Chicago Press, p.782.

Broeker, W. S., 1970. "Man's Oxygen Reserves," *Science*, 168:1537–1538.

Brown, L. L. and E.O. Wilson, 1956. "Character Displacement," *Systematic Zoology*, 5:49–64.

Bryson, R. A., 1966. "Air Masses, Stream Lines, and the Boreal Forest," *Geographical Bulletin*, 8:228–269.

Carrick, R., 1963. "Ecological Significance of Territory in the Australian Magpie," *Proceedings of XIII International Ornithological Congress*, 9:740–753.

Clements, F. E., 1916. *Plant Succession: An Analysis of the Development of Vegetation*. Carnegie Institution of Washington Publication 242, facsimile reprint by Haffner.

Collier, B. D., G. W. Cox, A. W. Johnson, and P. C. Miller, 1973. *Dynamic Ecology*. Englewood Cliffs, N.J.: Prentice–Hall, p.563.

Colinvaux, P. A., 1973. *Introduction to Ecology*. New York: John Wiley and Sons, p.621.

———, 1975. "An Ecologist's View of History," *Yale Review*, 64:357–369.

———, 1976. "The Human Breeding Strategy," *Nature*, 261:356–357.

———, 1976. "The Coming Climactic," *Bulletin of Ecology*, 56:11–14, and in "The

American Years," The Massachusetts Audubon Society, Lincoln, Mass., 1976.

De Bach, P.(ed.), 1964. *Biological Control of Insect Pests and Weeds*. New York: Reinhold, p.844.

Deevey, E. S., 1942. "Studies on Connecticut Lake Sediments III. The Biostratonomy of Linsley Pond," *American Journal of Science*, 240:235–264, 313–324.

————, 1955. "The Obliteration of the Hypolimnion," *Mem. 1st. Ital. Idrobiol.*, suppl. 8:9–38.

Elton, C. S., 1927. *Animal Ecology*. New York: Macmillan, p.209.

Garrels, R. M., and F. T. McKenzie, 1971. *Evolution of Sedimentary Rocks*. New York: W. W. Norton, p.397.

Gates, D. M., 1965. "Heat Transfer in Plants," *Scientific American*, 213:76–86.

————, 1968. "Energy Exchange between Organisms and Environment," *Australian Journal of Science*, 31:67–74.

Gause, G. F., 1934. *The Struggle for Existence*. Baltimore: Williams and Wilkins, p.163.

Goodman, D., 1975. "The Theory of Diversity and Stability in Ecology," *Quarterly Review of Biology*, 50:237–266.

Hardin, G., 1968. "The Tragedy of the Commons," *Science*, 162:1243–1248.

Harper, J. L., 1969. "The Role of Predation in Vegetational Diversity," Brookhaven Symposium in Biology No. 22, *Diversity and Stability in Ecological Systems*, pp.48–62.

Heilbroner, R. L., 1974. *An Inquiry into the Human Prospect*. New York: W. W. Norton, p.150.

Hom, H. S., 1971. *The Adaptive Geometry of Trees*. Princeton, N.J.: Princeton University Press, p.265.

Homocker, M. G., 1969. "Winter Territoriality in Mountain Lions," *Journal of Wildlife Management*, 33:457–464.

Howard, H. E., 1920. *Territory in Bird Life*. New York: E. P. Dutton, p.308.

Hutchinson, G. E., 1953. *The Itinerant Ivory Tower*. New Haven, Conn.: Yale

猛兽稀少

University Press, p.261.

————, 1962. *The Enchanted Voyage*. New Haven, Conn.: Yale University Press, p.163.

————, 1965. *The Ecological Theater and the Evolutionary Play*. New Haven, Conn.: Yale University Press, p.139.

Janzen, D. H., 1970. "Hervibores and the Number of Tree Species in Tropical Forests," *American Naturalist*, 104:501–528.

Klopfer, P. H., 1969. *Habitats and Territories*. New York: Basic Books, p.117.

Krebs, C. J., 1972. *Ecology: The Experimental Analysis of Distribution and Abundance*. New York: Harper and Row, p.694.

Lack, D. L., 1954. *The Natural Regulation of Animal Numbers*. New York: Oxford University Press, p.343.

Leopold, A., 1933. *Game Management*. New York: Charles Scribner's Sons.

Lindeman, R. L., 1942. "The Trophic Dynamic Aspects of Ecology," *Ecology*, 23:399–418.

Livingstone, D. A., 1957. "On the Sigmoid Growth Phase of Linsley Pond," *American Journal of Science*, 255:364–373.

MacArthur, R. H., 1955. "Fluctuations of Animal Populations, and a Measure of Community Stability," *Ecology*, 36:533–536.

————, 1958. "Population Ecology of Some Warblers of Northeastern Coniferous Forests," *Ecology*, 39:599–619.

May, R. M., 1973. *Stability and Complexity in Model Ecosystems*. Princeton, N.J.: Princeton University Press, p.265.

McNaughton, S. J., and L. L. Wolfe, 1973. *General Ecology*. New York: Holt, Rinehart and Winston, p.710.

Mech, L. D., 1966. "The Wolves of Isle Royale," *Fauna of the National Parks of the United States*, Fauna Series 7, U.S. Government Printing Office, Washington, p.210.

Morowitz, H. J., 1968. *Energy Flow in Biology*. New York: Academic Press, p.179.

Murie, A., 1944. "The Wolves of Mount McKinley," *Fauna of the National Parks of the United States*, Fauna Series 5, U.S. Government Printing Office, Washington, p.238.

Odum, E. P., 1971. *Fundamentals of Ecology*. 3rd edition, Philadelphia: W. B. Saunders, p.574.

Oosting, H. J., 1956. *The Study of Plant Communities*. 2nd edition, San Francisco: W. H. Freeman, p.440.

Owen-Smith, N., 1971. "Territoriality in the White Rhinoceros(*Ceratotherium simum*) Burchell," *Nature*, 231:294–296.

Petersen, R., 1975. "The Paradox of the Plankton: An Equilibrium Hypothesis," *American Naturalist*, 190:35–49.

Rickleffs, R. E., 1973. *Ecology*. Newton, Mass.: Chiron Press, p.861.

Rosenzweig, M. L., 1974. *And Replenish the Earth*. New York: Harper and Row, p.304.

Sanders, H. L., 1968. "Marine Benthic Diversity: A Comparative Study," *American Naturalist*, 102:243–282.

Schaller, G. B., 1967. *The Deer and the Tiger*. Chicago: Chicago University Press, p.370.

Shannon, C. E., and W. Weaver, 1949. "The Mathematical Theory of Communication," Urbana: University of Illinois Press.

Slobodkin, L. B., 1962. "Energy in Animal Ecology," *Advances in Ecology*, 4:69–101.

Stewart, R. E., and J. W. Aldrich, 1951. "Removal and Population of Breeding Birds in a Spruce-Fir Forest Community," *Auk*, 68:471–482.

Tansley, A. G., 1935. "The Use and Abuse of Vegetational Concepts and Terms," *Ecology*, 16:284–307.

Transeau, E. N., 1926. "The Accumulation of Energy by Plants," *Ohio Journal of Science*, 26:1–10.

Whittaker, R. H., 1962. "Classification of Natural Com-munities," *Botanical Review*, 28:1–239.

———, 1975. *Communities and Ecosystems*. 2nd edition, New York: Macmillan, p.385.

索 引

（索引所示页码为正文中表原书页码的边码）

55-57；front and treeline 锋面和林木线，60-61；diversity in ~ 的多样性，195-196；stability of ~ 的稳定性，203-205

associations 学派／群丛，64-72；Zurich Montpelier definition 苏黎世-蒙彼利埃学派的定义，65-66；classification of 群丛的分类，66-68；of Uppsala school 乌普萨拉学派，68；on mountain sides 山坡群丛，70-71；as loose symbiosis 松散共生的群丛，72

atmosphere 大气层：carbon dioxide regulation 二氧化碳调节，103-107；composition of ~ 的组成，97-107；indestructibility ~ 的不可摧毁性，103；oxygen and nitrogen maintenance 氧气和氮气的保持，100-103；regulated by life 由生命调节，100

Australian magpies, group territories of 黑背钟鹊的领地，176-177

B

balance of nature 自然界的平衡：constant numbers problem 恒定数量问题，8；crowding, density-dependence and competition 拥挤、密度依赖性和竞争，136-149；role of predators 捕食者的作用，150-

161；role of territory 领地的作用，162-182；complexity-stability theory 复杂性-稳定性理论，199-211；explained 阐释，209-210

biological control of pests 虫害的生物防治，157-160

biomass 生物量，24

biome 生物群落，见：formations of plants 植物的形成

bird song, role of 唱歌的作用，166-168

bogs, as source of oxygen and nitrogen 作为氧、氮来源的沼泽，99-100

boreal forest 北方森林，52

breeding effort 繁殖努力，12

breeding strategy 繁殖策略，13；large-young gambit 大子对策，15-17；optimum family size 最优家庭规模，16；of people 人类的 ~ ，214-217，229-230；small-egg gambit 小卵对策，13-15；advantages 优势，14；costs 代价，14；annual weeds 一年生杂草，124

Broeker, W., on world's oxygen 华莱士·布勒克对地球上氧气的论述，102

Bryson, R., on climate and treeline 里德·布莱森对气候与林木线的论述，60-62

D

gulls, delayed maturity of 推迟繁殖的海鸥, 164

H

habitat 栖息地: defined 定义, 11; limit to communities 对群落的限制, 68

Harper, J. L., on cropping and diversity 约翰·L. 哈珀有关耕作和多样性的论述, 191–192

heat budgets, of plants 植物的热量收支, 56–59

history, ecological model 历史生态模型, 220–225; predictive model 预测模型, 225–226

homo 人属, 见: people 人类

Horn. H., on adaptive geometry of trees 亨利·霍恩有关树木的自适应几何结构的论述, 132–135

Hornocker, M.G., on mountain lions 莫里斯·G. 霍诺克尔有关美洲狮的论述, 154–155

Howard, E., theory of territory 艾略特·霍华德: 领域理论, 165–172

human niche 人类的生态位, 212–224; ability to change 人类改变生态位的能力, 212, 219; races equally good 不同种族在各方面相似, 214; adopt without speciating 不经历物种形成而

获得 ～, 218; fixed parameters 固定模式, 219; multiplicity ～多样性, 220; poverty 贫困, 222; affluence 富裕, 229; defined 定义, 232

humus, role in nutrient cycles 腐殖质在营养物质循环中的作用, 77

Hutchinson, G. E., energy flux concept 伊夫林·哈钦森: 能量通量概念, 25; on paradox of plankton 有关浮游生物悖论的论述, 189

hydrogen 氢, loss to outer space 散逸进外太空的 ～, 100, 234; sulphide in mud 淤泥中硫化物的 ～, 99

hymenoptera, as predators 作为捕食者的膜翅目昆虫, 157

I

infanticide 杀婴: Darwinian fitness served 服务于达尔文主义环境适度的 ～, 16, 216; in human breeding strategy 人类繁殖策略中的 ～, 216–217; increases population growth ～加速人口增长, 216

information theory 信息论, 201–208; description of food web 对食物网的描述, 206

insects 昆虫: effect on diversity of plants 对植物多样性的影响, 128–130; food specialization 食物专门化,